高校科研人员薪酬体系与科研热情研究

闫淑敏　张煜良　夏　青　著

同濟大學出版社
TONGJI UNIVERSITY PRESS

图书在版编目(CIP)数据

高校科研人员薪酬体系与科研热情研究 / 闫淑敏，张煜良，夏青著. —上海：同济大学出版社，2021.1
ISBN 978-7-5608-9579-6

Ⅰ. ①高… Ⅱ. ①闫… ②张… ③夏… Ⅲ. ①高等学校—科研人员—劳动报酬—研究 Ⅳ. ①G316

中国版本图书馆 CIP 数据核字(2020)第 218269 号

高校科研人员薪酬体系与科研热情研究

闫淑敏　张煜良　夏　青　著

责任编辑 陆克丽霞　**责任校对** 徐春莲　**封面设计** 陈益平

出版发行　同济大学出版社　www.tongjipress.com.cn
(地址:上海市四平路 1239 号　邮编:200092　电话:021-65985622)
经　　销　全国各地新华书店、网络书店
印　　刷　常熟市华顺印刷有限公司
开　　本　710 mm×1000 mm　1/16
印　　张　13.5
字　　数　270 000
版　　次　2021 年 1 月第 1 版　2021 年 1 月第 1 次印刷
书　　号　ISBN 978-7-5608-9579-6

定　　价　88.00 元

序

2020年是中国改革开放42周年。42年沧桑历程，中华大地发生了翻天覆地的变化，中国已经成为世界第二大经济体，综合国力空前提升，科技进步也日新月异，但是我们在很多领域与发达国家还有一定的差距。在“大众创业、万众创新”的时代背景下，高校科研人员作为重要的知识型、创新型劳动者对社会及国家的发展具有重要的推动作用。高校科研人员是科研队伍的中坚力量之一，能够为我国实施创新驱动发展战略、建设创新型国家做出重要贡献。高校科研人员效能的最大限度发挥离不开有效的激励制度，其中薪酬激励是较为重要的方式之一。科学合理的薪酬制度为科研创新提供了保障，也稳定了科研队伍，并能合理有效地引导创新、激活创新。当前我国高校科研人员薪酬水平整体偏低、收入来源单一、薪酬结构不尽合理。另外，由于科研成果产权意识薄弱、产权保护滞后等，使得高校科研人员的人力资本价值没能得到应有的体现。由于现有的高校科研人员薪酬体系没有完全体现知识价值，也不符合创新规律和人才发展规律，使得薪酬体系在引导激励人才参与创新、投身创业方面的作用不足。2016年11月，中共中央办公厅、国务院办公厅印发《关于实行以增加知识价值为导向分配政策的若干意见》（以下简称《意见》），将知识、科研工作和科研成果的价值提到前所未有的高度。《意见》的发布，肯定了高校教师及科研人员（以下统称“高校科研人员”）的收入可以包括基础性工资、绩效奖励、由科研成果和知识资本带来的资本性收入等多个方面，从而拓宽了高校科研人员收入的合法性来源，这对于激发高校科研人员的科研创新热情、改善高校科研人员的收入水平、稳定高校科研人员队伍都具有积极意义。《意见》的出台，给高校科研人员薪酬体系改革指出方向，如何根据科研人员的创业创新绩效建立一个激励创新、增加知识价值的薪酬体系是当前薪酬改革的关键。本书按照“现状及满意度→创新激励要素→薪酬模型→改革建议”的思路，根据不同学科和专业特点，“分学科门类、分研究类型”进行研究，设计了基于创新激励的高校科研人员薪酬模型并为相关政策建议的制定提供依据。

本书的研究过程经历了三个阶段。第一阶段是对我国高校薪酬体系现状的把握。当前我国高校科研人员的薪酬水平如何？科研人员对自己的薪酬是否满意？现有薪酬体系能否体现高校科研人员的劳动付出？对这些问题的回答可以更好地为薪酬体系改革提供依据。为了回答这些问题，我们通过问卷和访谈等方式调查了高校科研人员的薪酬现状以及薪酬满意度，分析了薪酬与创新的相关性。为了横向比较，我们查阅了国内外文献、国外政府文件、国外高校发布的信息等，通过调查来了解国外高校科研人员的薪酬体系现状，并总结分析了现有薪酬体系存在的问题，为后续第二阶段分析奠定了基础。第二阶段是从科研热情的影响因素视角来探究高校科研人员的创新激励要素，并以此构建高校科研人员科研热情影响因素模型。一个好的科研薪酬激励体系必须能体现出对科研创新的激励，而科研热情是高校科研人员创新动力的基础之一。我们借助扎根理论的研究方法，探讨高校科研人员科研热情的影响因素，并构建相应的模型。通过对高校科研人员进行深度访谈并结合文献研究，对高校科研人员的科研热情和科研压力模型进行分析，研究了科研压力和科研热情之间的关系。第三阶段基于创新激励的薪酬要素研究，为实行以增加知识价值为导向的分配政策提供理论和实践支撑。在第一、第二阶段研究成果的基础上，梳理总结目前高校科研人员薪酬体系存在的问题并分析其原因，从而提出提高高校科研人员激励有效性的薪酬体系改革建议。

本书由以下部分构成：

第1章：引言。本章内容包括问题的提出、研究意义、国内外研究概况、研究内容和方法等。

第2章：国内外高校薪酬制度。本章对国内高校薪酬制度的发展历程进行梳理，对国内高校薪酬制度的现状进行总结，同时对国外高校教师薪酬情况进行调查。

第3章：高校科研人员薪酬及满意度现状调查。对高校科研人员薪酬现状及满意度进行了问卷调查，对高校科研人员的薪酬现状、薪酬满意度、创新动机、薪酬与创新成果关系等进行了研究。

第4章：高校科研人员访谈调查。本章对高校科研人员访谈的内容进行了汇总。

第5章：高校科研人员科研热情影响因素分析。

第6章：高校科研人员薪酬体系存在问题的原因分析。本章从薪酬制度、高校层面、个体层面和科研经费管理制度等方面对高校科研人员薪酬体系存在的问题及其原因进行了分析。

第7章:提高高校科研人员激励有效性的措施建议。本章从高校收入来源、薪酬制度创新、岗位设置、绩效管理、内在薪酬、税收政策和科研经费管理等方面对薪酬体系改革提出了建议。

第8章:总结。

本书的研究成果可为高校管理者、人力资源管理专业人员、高校教师以及相关专业的硕士、博士研究生提供参考。

本书由闫淑敏总体构思、设计和统稿,张煜良和夏青完成部分章节的写作,杨小丽、王淑仪、向晨、周林腾等参与了问卷数据的收集整理和访谈等工作,本书的完成离不开科研团队成员的贡献和相关机构的支持。

此次调研过程中共收到来自全国各地的高校教师问卷1 585份,有28名高校教师接受了深度访谈,得到文字资料15余万字。在此深深感谢参与此次问卷调查和深度访谈的老师们给予我们的支持!

感谢国家自然基金(批准号:71872130)对本研究给予的支持,以及同济大学经济与管理学院对本书成功出版提供的资助。

2020年7月

目　　录

1 引　言

1.1 问题的提出

薪酬问题历来是人力资源管理领域中一个复杂的、令人困惑的难题(Gerhart 和 Rynes, 2003),也是激励员工的最主要方式。Joshi 和 Martocchio(2008)认为,薪酬是指员工在完成分派给他的工作任务后所获得的收入,表现为内部、外部两个方面,即由内在薪酬和外在薪酬组成。Milkovich 等(1996)认为,不同国家对薪酬概念的认识是不同的,另外,社会、股东、管理者和员工等不同利益群体对薪酬概念的界定也存在着较大差异。Milkovich 等(1996)从薪酬管理的角度将薪酬界定为:雇员作为雇佣关系中的一方所得到的各种形式的财务回报、有形服务与福利。因此,薪酬一部分是以直接货币报酬的形式支付的工资,包括基本工资、奖金、绩效工资、激励工资、津贴、加班费、佣金、利润分红等;另一部分则体现为间接货币报酬的形式,即通过福利(如养老金、医疗保险)以及服务(带薪休假等)支付的薪酬。

当前我国高校科研人员薪酬水平整体偏低,收入来源单一、薪酬结构不尽合理。另外,由于科研成果产权意识薄弱,产权保护滞后等,科研人员的人力资本价值没能得到应有的体现。由于现有科研人员薪酬体系没有完全体现知识价值,且不符合创新规律和人才发展规律,因此薪酬体系在引导激励人才参与创新、投身创业方面的作用不足。2016 年 11 月,中共中央办公厅、国务院办公厅发布《关于实行以增加知识价值为导向分配政策的若干意见》(以下简称《意见》),将知识、科研工作和科研成果的价值提到了前所未有的高度。《意见》的发布,肯定了高校科研人员的收入可以包括基础性工资、绩效奖励、由科研成果和知识资本带来的资本性收入等,从而拓宽了高校科研人员收入的合法性来源,这对于激发高校科研人员的科研创新热情、改善高校科研人员的收入水平、稳定高校科研人员队伍都具有积极意义。

《意见》的出台给高校科研人员薪酬体系改革指出了方向。如何根据科研人员的创新绩效建立激励创新、增加知识价值的薪酬体系是当前薪酬改革的关键。要回答此问题，了解高校科研人员的薪酬现状及薪酬满意度就显得尤为重要。

1.2 研究意义

发展科技、提高自主创新能力是实现中华民族伟大复兴的关键，而高校科研人员是我国发展科技、提高自主创新能力的中坚力量，科研人员效能的发挥离不开科学有效的薪酬激励。本书通过问卷调查和深度访谈来获取高校科研人员薪酬现状的第一手资料，结合量化分析和质性研究，从而分析目前高校科研人员薪酬体系存在的问题，并对高校科研人员科研热情的影响因素进行了研究，为更好地激励科研热情、提高创新绩效提供依据，并在此基础上提出了高校科研人员薪酬体系改革的一些措施建议。因此，本研究具有一定的理论和现实意义。

1. 理论意义

（1）创新激励要素分析等为薪酬激励体系提供了理论依据。对创新的激励是高校薪酬体系的重要职能之一，但现有薪酬体系在这方面的作用有限，本书通过问卷调查方式来收集数据等信息，并对数据和相关资料进行整理与分析，为实现创新激励的高校薪酬体系建设提供了理论依据。

（2）对高校科研人员科研热情的理论研究为有效激励提供了依据。科研创新离不开科研热情，而热情方面的研究源于心理学，多被学者应用到娱乐活动的研究中，将其应用于工作情景中的研究较少，且主要集中在创业者热情的研究方面。现有的研究中，有的对工作热情的消退原因进行了简单阐述，基本集中在总结问题提供建议的应用阶段，对热情形成的原因没有进行深入探讨，更没有针对不同原因形成的热情进行区分研究；有的则利用实证研究方法来测量热情水平与工作满意度、工作绩效水平之间的关系，但没有形成深入、系统的理论框架。因此，本书基于扎根理论对科研热情的影响因素和形成机制进行了编码分析，这不仅填补了热情在科研活动中的研究空白、拓宽了热情的相关研究，也丰富了与工作场景热情相关的理论研究。

（3）已有的关于创新行为激励的研究，往往多数集中在制造业，而对服务业，特别是针对知识服务业或教育业从业人员的创新行为的研究很少，对肩负创新人才培养及科技创新重任的高校科研人员个体创新行为激励的研究也很薄弱。本书首先通过大样本调研的方式来了解高校科研人员科研创新和教学创新的动机和可能的阻碍因素，从中发现高校科研人员的工作满意度、薪酬制度满意度和收入满意度与创新成果呈U形关系。之后，我们与高校科研人员进行了深度访谈，以期通过访谈和质性研究方法等手段来解决上述U形曲线之谜，并拓宽和深化了个体创新行为理论的研究，为创新激励提供了理论依据。

2. 现实意义

(1) 对国家层面的意义：为科研人员的评价制度、分配政策、激励政策的制定提供科学的建议，助力国家在全社会营造创新氛围，最大限度地激发高校科研人员的科研热情，充分发挥高校科研人员的创新活力，提升主动性创新行为，这对于我国高等教育改革和促进创新型国家建设都有现实意义。

(2) 对高校管理的意义：帮助高校建立合理的科研考核体系，完善高校职称评聘制度和科研人员业绩考核办法，实施有效的激励措施，改革学校管理方式，加强对高校科研人员的心理健康教育，营造有利于创新的科研氛围，这对于建设世界一流高校、培养创新型人才具有重要的意义。

(3) 对高校科研人员的意义：使高校科研人员能够客观地认识自我，正确进行角色定位，保持最初对学术、对科研创新的那份热爱，增强高校科研人员的创新行为，提升职业幸福感。

1.3 国内外研究概况

1.3.1 高校科研人员

安书乐(2016)认为，从狭义上讲，高校科研人员仅仅指在科学研究或研究系列岗位上，考核目标主要是科研产出的那类高校教职员工；从广义上讲，高校科研人员包括经常性从事科学研究工作，并产生一些较高质量研究成果的高校师生员工。不论是狭义或是广义上的定义，高校科研人员本质上属于知识型员工的范畴，具备知识型员工的基本特点，如具有较高的教育背景和专业能力，能够利用知识或信息工作，并进行知识创造和知识共享等(弗朗西斯·赫瑞比，2000；刘选会 等，2019)。同时，相较于企业知识型员工，高校科研人员又具有其特殊性。具体包括如下几方面：

(1) 具有实现自我价值的强烈愿望。高校科研人员大多从事探索性和创新性的工作，对持续更新知识储备和提高自我能力有更加强烈的内在需求，渴望社会对其科研成果的肯定，为学科、学校乃至社会和国家的进步与发展贡献自己的一份力量，实现自我价值（刘广，虞华君，2019）。

（2）具有较高的个人素质和相应的专业特长。科研劳动是更高层次的劳动，不同于一般的物质生产劳动，因此对科研劳动者有更高的且特殊的要求。科研劳动者不仅需要具备应有的智力，广泛和扎实的基础文化知识、专业知识以及进行知识生产的才能和素质，还需要具备持续学习、持续更新知识与技能的能力。唯有持续不断地、及时地补充和更新知识及观念，努力提高科研素质和才能，科研劳动者才能在科学知识爆炸性增长，新技术、新产品更新换代周期日趋缩短的情况下有新的作为（向洪，1987）。

（3）工作具有灵活性和创造性。探索性和创新性是高校科研人员工作的主要特征，在科研工作中，高校科研人员需要持续不断地学习新知识，探索未知领域，研究并创造新的科研成果（陈瑜，2012）。

（4）科研成果精确量化是很困难的，以致难以衡量个人绩效。知识型工作不是简单的重复，它是一个思考过程，是不断循环、不断迭代的。知识型工作的成果不是由数量决定的，而是由质量决定的。同时，知识型工作不是由成本决定的，而是由成果决定的（Baker，2015）。

（5）较为青睐自主、灵活的工作方式。高校科研人员对自主工作空间要求较高，因为其工作过程需要运用智力去独立思考，难以实施监督控制（卢蕊，2011）。同时，高校科研人员研究范围广且大多可自由选择并决定其研究领域，而企业的科研人员更多地聚焦于细分领域或技术，且研究内容多受制于企业。

（6）肩负教学、科研双重任务，有些高校科研人员可能还身兼企业职务。高校科研人员在培养人才方面具有重要责任，他们需要将专业知识传授给学生，促进社会智力的良性循环（安书乐，2016）。同时，有些高校科研人员会到企业以技术顾问等身份进一步促进其知识成果与价值的转化，有些科研人员还可能与自己的团队参与创业或企业管理等过程。

作为高新知识的载体，高校科研人员在其性格、需求、价值观及工作方式等方面有许多特殊性。以往学界甚少研究高校科研人员这一特殊却又十分重要的群体，在倡导创新创业的新时代背景下，高校科研人员身兼重任。因此，以高校科研人员作为研究对象，专门研究他们的科研热情及其对创新行为的影响机制是十分必要的。

1.3.2　高校薪酬

Gomez-Mejia 和 Balkin（1992）最早探讨了高校绩效工资制度。芝加哥大学国际高等教育研究中心的一项研究结果显示，在全球28个主要国家中，中国高校教师的平均收入水平排名垫底。张航等(2012)对某高校40岁以下青年教学科研人员的调查分析发现，高校对于青年教学科研人员的奖励项目比例高但是形式单一、多样的薪酬分配方式比例低，他们提出应增加奖励项目，细分现有岗位津贴层级，合理拉开不同层次青年教学科研人员的收入差距，提高多样化的薪酬分配方式比例，以激励高层次的优秀人才做出业绩。

李培根(2010)和熊丙奇(2011)认为，现行高校薪酬制度设计有其内在缺陷：鼓励科研的薪酬导向导致功利学术蔓延，致使教师们忙于创收。目前，我国高校薪酬制度设计的主要依据是2006年人事部、财政部推出的《事业单位工作人员收入分配制度改革方案》。该方案最大的特点是改变了高校人员的薪酬结构，实现由"身份管理"向"岗位管理"的转变(山鸣峰 等，2007)。建立与岗位职责、工作业绩、实际贡献紧密联系的以绩效为导向的薪酬体系，是2006年高校分配制度改革的目标。由于2006年事业单位工资改革的主导价值取向是向高层次人才倾斜，使得目前我国高校教师薪酬结构表现为陡峭型，内部收入差距较大(马君，山鸣峰，2013)。西方发达国家的高校大多采用平缓型薪酬结构，即不受个人绩效调控的薪酬模式，内部收入差距小(Heather et al.，2012)。马君(2013)认为，目前我国高校薪酬模式还存在着一些问题，主要有：与美国、日本等发达国家和地区相比总体薪酬水平偏低；不同学科之间、不同资历教师之间收入差距较大；固定收入和弹性收入比例倒挂。

现有研究主要集中在对企业知识员工的薪酬管理方面，包括：如何构建知识型员工薪酬体系(袁莉，马莉，2006；方阳春，姚先国，2007；赵书松，2012)；如何通过薪酬绩效激励员工的创新意愿和创新行为(杨丽，2009；Llorens，Stazyk，2011；张娴初，王迎春，2012；张勇 等，2014)。目前，对国内高校科研人员薪酬体系的研究较少，大部分对高校科研人员薪酬的研究集中在对现有薪酬体系的分析(山鸣峰 等，2007；张航 等，2012)和国内外比较(Schomburg，Teichler，2011；柯文进，姜金秋，2014；刘娅，2017)等方面。而高校科研人员的创新激励要素是什么尚不明确，是否和企业知识员工创新激励要素相同，以及如何制定相应的薪酬模型等问题，还需进一步研究。

1.3.3 科研热情

1. 概念内涵

对于热情(passion)的研究最早来自哲学研究领域，而后发展到心理学、管理学等研究领域。对于热情的相关研究虽有较长的历史，但对于热情的定义却并不统一：在哲学研究领域，对热情的定义有两种截然不同的观点，有的学者认为个体对某一活动充满热情则表示个体被活动所控，不能自拔；而另一种观点则认为热情促使个体更加积极主动，更能取得积极结果（Rony，1990）。心理学研究领域学者对于热情的定义更加强调个体动机，如 Frijda 等（1991）认为热情是具有重要情感结果的优先目标。社会心理学家 Vallerand 等（2003）在已有研究的基础上，将热情定义为“个体对其喜欢且认为重要的活动的强烈倾向，并愿意为此活动投入时间和精力”。他们认为热情包含：对活动的喜欢或热爱、认为活动很重要以及投入的时间和精力，三个要素缺一不可。此外，Vallerand 等（2003）基于自我决定理论认为，人类动机的内化过程带来了两种类型的热情：和谐型热情（harmonious passion）和强迫型热情（obsessive passion）。和谐型热情源于个体自主地将活动或行为内部化为个人身份象征的过程，这种类型的内部化使人自愿地参与活动，并产生一种追求活动的意志感和个人认可感，个人并不是被迫去从事该活动或行为，而是他们自由地选择去做。对和谐型热情的个体而言，该活动或行为在与其生活其他方面是和谐匹配的。与此相反，强迫型热情则来源于控制内化过程，这种内部化源于自我和/或外在压力（如，维持自我价值或声望、社会期望等），个体从事该活动或行为更多的是迫于压力或活动/行为的附加价值（如社会接受感、自尊等）。对强迫型热情的个体而言，由于其受控于该活动或行为，导致其与生活中的其他活动产生冲突。Vallerand 等（2003）对热情的研究被视为“一般热情”研究的基础与代表，同时为“工作热情”研究提供了理论参考（蒋昀洁 等，2017；张剑 等，2014）。

随着热情相关研究的发展，热情的概念也越来越受到管理和教育领域等的关注，并且认为热情可能是组织管理者和教师等人群产生较高的工作满意度、创造力和工作绩效等的重要决定因素。随后，在组织领域的工作热情概念及其研究受到广泛关注，并将 Vallerand 等（2003）定义的热情具体到组织工作领域，并将其定义为“工作热情”。由于工作热情的内涵丰富，目前学界对工作热情的定义并未形成一致认识。Zigarmi 等（2009）基于社会认知理论，从工作投入概念出发并整合“一般热情”的相关内容，认为社会认知理论中的三元体——认知、情感和意图，必须被纳入任何有用的员工热情的定义中，并将员工工作热情定义为“一个人持久的、积极的、有意义的、健康的状态，源于对各种工作和组织情况的认知和情感评估，从而产生一致的、有建设性的工作意图和行为。”Perttula 和 Cardon（2011）认为，工作热情是一种对工作具有强烈的积极情绪、内驱力，并与自我具有强关系的心理状态。Chen 等(2020)在整合了以往与热情相关的研究的基础上,认为工作热情的三个关键因素包含:对工作的积极态度(如喜欢或热爱工作)、将工作视为个人身份的重要组成部分(即强烈认同自己的职业,经常用自己的职业来描述自己,比如“我是一名教师”“我是一名护士”“我是一名木匠”等),以及积极参与工作的动机(并不规定人们需要投入大量的时间和精力在一个特定的工作上,即认为投入的时间和精力不一定是区分工作热情高低的因素)。而后,随着创新创业等话题热度的不断上升,企业家热情被视为一种特殊的工作热情且日益受到学界关注(Cardon et al., 2009;Gielnik et al., 2015)。蒋昀洁等(2017)和张剑等(2014)在对工作热情相关研究进行综述时,都将Vallerand 等(2003)提出的热情视为“一般热情”,认为“一般热情”定义了热情的本质,也描述了热情与积极情绪、动机和心流等的联系与差异,同时还界定了热情研究的边界与起点,为组织管理领域的“工作热情”相关研究奠定了坚实的基础,而“企业家热情”作为一种特殊情境的“工作热情”受到了学界的关注与研究。

本书基于已有对热情的定义,将科研热情定义为科研人员对科研活动产生的一种强烈倾向,科研人员对科研活动具有积极情感和强烈的认同感,并积极参与科研活动(Vallerand et al., 2003;魏昕,张志学,2018; Chen et al., 2020)。高校科研人员科研热情是工作热情的一种特殊形态,其与企业家热情具有一定的相似之处,又有其特殊性。

2. 影响因素

已有关于工作热情影响因素的研究主要基于自我决定理论、自我调节理论和角色理论。根据自我决定理论的假设,人们在参与活动时是否感觉到自主性,是产生和谐型热情和强迫型热情的关键因素。研究证明,当人们在工作过程中被赋予了自主性或者自我是自主性导向时,他们更有可能产生和谐型热情,而个体从事某一活动是为了获取他人认同或者自尊等则为强迫型热情(Fernet et al., 2014; Mageau et al., 2009; Liu et al., 2011)。同时,自我决定理论认为,能够激发下属自主性感知的领导力能够促使下属产生和谐型热情(王冬冬等,2019; Afsar et al., 2016;秦伟平 等,2016),而抑制自主性感知或促使压力感知的领导力则负向影响员工和谐型工作热情并正向影响强迫型工作热情(许黎明 等,2018)。

基于自我调节理论和角色理论的探究工作热情影响因素的研究主要聚焦于企业家热情的影响因素方面。Cardon 等(2009)首次探究企业家热情的本质时,认为企业家热情体验是一项复杂的模式且自我调节过程贯穿了企业家热情体验的始终。Lafrenière 等(2011)研究认为，企业家能够针对外部环境的变化进行适应性的自我调节，并促使自己与情境相适应和匹配，进而更可能产生和谐型热情。Collewaert 等(2016)基于自我调节理论和角色理论的逻辑，借助纵向研究方法探索了企业家可控性感知如何以及为何有助于减缓企业家热情的消逝，并且发现企业家角色模糊会增强企业家热情的消逝。除了上述主要影响因素外，学者也发现个体的目标追求、行为及绩效等对工作热情会有影响(Bélanger et al., 2015; Dalborg and Wincent, 2015; Gielnik et al., 2015)。Bélanger 等(2015)基于监管模式理论探究了个体目标追求模式对和谐型热情和强迫型热情具有不同的效应:行动导向的目标追求模式对和谐型热情具有显著正向的影响作用，而评估导向的目标追求模式则显著正向地影响强迫型热情。Dalborg 和 Wincent (2015)认为，较"推式创业"而言，具有潜在获利性的商业机会吸引力的"拉式创业"更能吸引个体从事创业行为，进而促进和谐型热情的产生。Gielnik 等(2015)研究发现，个体在创业过程中的创业努力行为对创业热情具有显著正向的影响作用。

3. 影响结果

与科研热情的前因研究情况一样，已有关于热情的影响研究中大多是关于工作热情的相关研究，针对科研热情的相关研究却十分有限。相对于前因研究，对于工作热情影响效果的相关研究则比较丰富，且主要聚焦于个体的内隐体验和外显形态及行为等。

在内隐体验方面，主要包含个体情绪、幸福感、工作卷入等。大量关于热情与幸福感的研究佐证了和谐型热情与积极情绪/归属感/幸福感正相关、强迫型热情与积极情绪/归属感/幸福感负相关或不相关结论的稳定性(Philippe et al., 2009; Stenseng et al., 2015; St-Louis et al., 2016)。工作中个体经常能获得成功和失败的体验，当遭遇失败体验时，和谐型热情会促使个体产生对自身状态的情绪判断，通过自我同情和自我宽恕来调整自己并对失败做出合理反应，而强迫型热情则因为害怕自我同情而与其负相关，并会产生一系列非适应性的结果，如焦虑、攻击性，甚至不愿意配合外界助其自我同情提升的干预计划(Schellenberg et al., 2016)。Schellenberg 和 Bailis(2015)认为，和谐型热情对幸福感的影响机制可以叠加和交互，但这些体验并不受制于该行为的时间差异影响，同时也印证了热情对幸福感及其内部成分的交互作用。此外，工作场所员工的和谐型热情能在一定时间段内提升快乐水平、减少郁闷症候、提升幸福感(Forest et al., 2012)。

关于工作热情对卷入和沉浸体验的影响，相关研究大多是基于个人认知理论视角，对和谐型热情和强迫型热情分别进行了探究，结果发现，具有和谐型热情的员工在工作中其专注力和认知参与度更高，往往工作表现更出色；具有强迫型热情的员工则与工作认知注意力负相关，不容易形成高卷入的认知参与感（Ho et al.，2011）。由此，和谐型热情个体易于产生沉浸体验（Lavigne et al.，2012），强迫型热情个体往往会对偏好行为反复思虑，这将妨碍他们形成沉浸式体验，并进而影响积极情绪体验，因此强迫型热情与沉浸偏好行为并无显著关联（Carpentier et al.，2012）。这些基于个体认知论角度对工作热情及绩效作用机制所进行的研究，视角较为独特，比较了工作热情两种形态不同的认知特点，从认知规律角度阐释了和谐型热情与沉浸体验相关的内部传导机制。

外显状态与行为方面，热情的影响效果主要包含个体创造力和工作-家庭冲突等。Clercq 等（2011）认为，工作激情高的个体更愿意提升自己探索知识的认知能力，更具有强烈的自我实现感知，当他们应用现有知识实现职业支持时，会促发自我认同，由此具有更高的创业意向。Liu 等（2011）实证研究表明，组织自主性支持和个体自主性导向能够促使个体形成和谐型热情，进而显著正向影响个体创造力。关于热情对工作-家庭冲突的影响，现有研究大多认同和谐型热情和强迫型热情造成的影响存在差异：和谐型热情负向影响工作-家庭冲突，而强迫型热情个体难以从工作中释放出来，进而造成工作-家庭冲突（Vallerand et al.，2010；Caudroit et al.，2011）。

4. 已有研究述评

上述研究与论述所阐述的科研热情是工作热情的一种特殊形态，相较于已有工作热情特殊形态之一的企业家热情，二者存在相似之处的同时又存在着差异，并且已有研究成果对一般热情、工作热情和企业家热情等的成因进行了初步探索。此外，关于一般热情、工作热情及企业家热情等的已有研究，从多个视角探讨了热情的影响因素和可能的复杂机制。这些研究成果为本研究提供了很好的视角和思路。然而，目前学界关于高校科研人员科研热情的专项研究十分有限且缺乏系统性，关于高校科研人员科研热情的研究方兴未艾。虽然，我国学者已开始关注高校科研人员及科研团队这一独特人群，但已有研究主要聚焦于高校科研人员和团队的科研创新行为及绩效等（闫佳祺，罗瑾琏，2018；何帅，陈良华，2019；刘广，虞华君，2019；徐珺 等，2019），至于明确针对高校科研人员科研热情所进行的专题研究则不多见。我们对“促进高校科研人员科研热情产生的动力因素是什么”以及“高校科研人员科研热情形成的可能阻碍因素是什么”等还知之甚少。故而,本书立足于高校科研人员,系统探究高校科研人员科研热情的形成动力因素和阻碍因素,以期在理论创新和实践价值上为高校科研人员及科研团队这一独特人群的研究提供些许新发现。

1.4 研究内容及方法

1.4.1 研究内容

本书所做的研究包括三个阶段。

第一阶段的研究目标是高校科研人员薪酬体系现状及满意度调查。基于这一目标,第一阶段的研究内容主要包括:

(1) 通过问卷调查和实地访谈了解高校科研人员的薪酬现状(包括薪酬水平和薪酬结构)及满意度(包括总体薪酬满意度和单项薪酬满意度)。

(2) 了解国外高校科研人员的薪酬体系状况,并将其与高校科研人员薪酬体系进行比较分析。

(3) 根据上述调查与比较研究,归纳出现有薪酬体系存在的问题。

第二阶段的研究目标是探究高校科研人员科研热情的影响因素并构建相应模型,这一阶段的主要研究内容包括:

(1) 基于理论抽样方法来确定访谈对象,并将访谈内容进行文本转换和整理。

(2) 借助扎根理论,将访谈资料进行三级编码(开发编码、主轴编码和选择编码),构建高校科研人员科研热情影响因素模型,同时整理汇总高校科研人员科研热情的阻碍因素。

(3) 针对研究结论,提出初步建议。

第三阶段的研究目标是对高校薪酬体系改革提出政策建议。这是在前期研究的基础上,针对目前高校科研人员的薪酬满意度情况及创新激励的影响要素,同时比较与借鉴国外高校教师的薪酬体系,从而提出高校科研人员薪酬体系改革的政策建议。

1.4.2 研究方法

1. 文献分析,比较研究

通过对相关文献的查阅,界定了薪酬概念,了解国内外研究现状及铺垫理论基础;通过对国外文献、政府网站、高校联盟组织年报等的查询、总结和归纳,了解国外高校科研人员的薪酬体系状况,并与国内高校科研人员的薪酬体系进行比较分析。

2. 问卷调查,统计分析

对各大高校的科研人员发放问卷并回收有效问卷 1 552 份,调查了高校科研人员的薪酬现状及满意度;将问卷数据进行统计分析,总结出现有薪酬体系存在的问题。

3. 扎根理论,案例分析

首次,对 28 名高校科研人员进行了深度访谈,将访谈语音资料转录为文字资料,并整理分析。其次,对访谈资料进行扎根研究,构建高校科研人员科研热情形成的影响因素模型并分析可能的抑制因素。最后,基于扎根研究结果并结合双因素理论,就我国高校科研人员薪酬体系存在的问题提出补充性建议。

2 国内外高校薪酬制度

2.1 国内高校薪酬制度基本情况

2.1.1 国内高校薪酬制度发展历程

我国高校的薪酬制度发展是从确立等级工资制度到结构工资制度，后又引入津贴制度，再到现在的绩效工资制度。这一系列的薪酬制度改革是沿着四次全国性的国家机关和事业单位工资制度改革进行的，改革的具体阶段及内容如下。

1. 供给制与工资制并存阶段

1949 年，国家财政十分困难，面临着百废待兴的复杂局面，没有形成统一的分配制度。多数高校实行的是供给制，即对工作人员免费供给生活必需品，包括个人的衣、食、住、行、学习等必需品和一些零用津贴。而对于 1949 年后参加工作的部分高校教师则实行工资制，由此形成了供给制和工资制并存的局面。

2. 全国统一的高等学校等级工资制度逐步建立阶段

1952 年 7 月，中央人民政府教育部颁布《全国各级学校教职员工工资标准表》，将高校工资标准按职务分成 33 级，一职数级，上下交叉。以“工资分”作为工资的计量单位，最高 1 100 分，最低 90 分，最高工资是最低工资的 12.22 倍。

1954 年 11 月，中央高等教育部颁布并执行了《全国高等学校教职工工资标准表》，适当提高了高校教学人员的工资待遇，调整了工资级别不合理的现象。

1955 年 8 月 31 日，国务院发布《关于国家机关工作人员全部实行工资制和改行货币工资制的命令》，废除了供给制，全部实行工资制。

3. 职务等级工资制阶段

1956 年 6 月，党中央、国务院根据当时国家的政治经济状况，进行了第一次全国性的工资改革，建立了全国统一的工资制度，由此奠定了我国工资制度基础。这次改革实行了以货币规定工资标准的制度，建立了不同的工资等级，按照职务高低确定职务等级的划分及工资标准。

1956 年 7 月，国务院先后下达《国务院关于工资改革的决定》和《国务院关于工资改革中若干具体问题的规定》。高等教育部根据国务院的工资改革方案制定并实施了高等学校分类管理的工资制度。其中，《全国高等学校教学人员工资标准表》共分 12 级，相比以前的工资制度加大了级差，减少了级别。教学人员最高工资为最低工资的 5.56 倍。教授执行 1 至 6 级工资标准，副教授执行 3 至 6 级工资标准，讲师执行 6 至 9 级工资标准，助教执行 9 至 12 级工资标准。对于那些在科研上或教学上有特殊成就的教授，经高等教育部报请国务院批准，可另发“特定津贴”。改革后的高校工资水平有所提升，教授的工资处在社会中上水平。

4. 以职务和工龄为主的结构工资制阶段

针对职务等级工资制所存在的问题，1985 年我国进行了第二次全国范围的工资制度改革。1985 年 6 月，党中央、国务院颁发了《关于国家机关和事业单位工作人员工资制度改革问题的通知》，此次工资制度改革结束了实行 30 多年的职务等级工资制，建立了以职务工资为主的结构工资制。这次改革建立了正常的晋级增资制度，每年根据国民经济计划的完成情况，适当安排国家机关、事业单位工作人员的工资增长指标。

1985 年 8 月，国务院工资制度改革小组、劳动人事部发布了《高等学校教职工工资制度改革实施方案》，高等学校教职工工资制度随之进行了改革，教学人员按教授、副教授、讲师、助教的职务分列，教师实行以职务工资为主要内容的结构工资制。按照工资的不同职能，将工资分为基础工资、职务工资、工龄津贴和奖励工资四个部分，专业人员按所担任的研究、技术职务来确定职务工资，管理人员按所担任的管理职务来确定职务工资。

职务工资按教师职务分列工资等级，一职数级，相近职务之间工资额上下交叉。同时，高校教师逐步实行聘任合同制，并按聘任的职务确定相应的职务工资。职务工资随职务或工作的变动而变动，基础工资、工龄津贴和奖励工资等按照国家规定的标准执行。基础工资统一标准，从领导干部到一般工作人员，基础工资都为 40 元。研究员职务等级分为一至七级，职务工资从一级的 215 元(另有 315 元和 260 元两种情况)至七级的 120 元；副研究员职务等级分为一至八级，职务工资从一级的 150 元至八级的 82 元；助理研究员职务等级为一至六级，职务工资从一级的 100 元至六级的 57 元；实习研究员职务等级分为一至五级，职务工资从一级57元至五级30元。工龄津贴按照工作人员的工作年限计算发放，逐年增加，直到退休为止。计算工龄津贴的工作年限最多不超过40年，每一年工龄的津贴标准每月为5角钱(1992年1月起，提高到每月1元，并取消最多不超过40年的规定)。奖励工资用于奖励在工作中做出显著成绩的人员，所需奖金从行政经费节支中开支。20世纪80年代中后期至90年代初期，由于通货膨胀带来的物价上涨，使得原有"平均主义"工资制度下的知识价值被严重低估，从而出现了"造原子弹的不如卖茶叶蛋的"现象。

为了提高科研人员的待遇，科研事业单位开始结合科技体制改革，探索从项目结余、科技成果转移转化收入中获取人员奖励。如中科院和财政部于1992年发布了《中国科学院所属事业单位收入和收益分配管理的暂行办法》，率先规定可按项目经费结余数的40%～60%提取劳务酬金来奖励有关人员，由单位或组织工作时间开展的技术转让、技术咨询、技术服务、技术培训、科技展览和科技交流服务，可以从纯收入中提取20%～30%作为劳务酬金，用于奖励有关人员。

5. 引入津贴制度的职务等级工资制阶段

针对1985年以来工资制度运行中存在的主要问题，在总结和汲取前两次工资制度改革经验的基础上，1993年10月，我国进行了第三次包括高校在内的工资制度改革。此次工资制度改革，在科学分类的基础上，实现了机关和事业单位工资制度分离，引入竞争、激励机制，加大工资中"活"的部分，同时建立了正常的工资增长机制和工资总额计划管理办法，把工资增长与考核挂钩，提高了分配效能，工作人员的工资随着国民经济的发展有计划地增长，随着生活费用价格指数的变动而调整，在此基础上制定了正常的增资制度，并陆续建立了住房公积金、失业保险金和基本医疗保险金等社会保障性的福利项目。

1993年党中央、国务院下达了《关于机关和事业单位工作人员工资制度改革问题的通知》，将事业单位专业技术人员分为五大类行业，实行不同类型的工资制度，其中教育、科研、卫生等事业单位实行专业技术职务等级工资制。专业技术职务等级工资制包含专业技术职务工资和津贴两部分。其中，津贴与专业技术人员的实际工作数量和质量挂钩。这次工资制度改革使国家机关、事业单位分别执行不同的工资制度，引入了竞争、激励机制，工资的增长与年度考核挂钩，工作人员的工资随着国民经济的发展有计划地增长，随着生活费用价格指数的变动而调整，并在此基础上制定了正常的增资制度。

1994年出台的《科学研究事业单位贯彻〈事业单位工作人员工资制度改革方案〉的实施意见》，将科研事业单位的职务等级工资和津贴的比例限制在7∶3

(或6∶4),对全额拨款、差额拨款、自收自支三种不同类型的高等学校,实行不同的管理办法。全额拨款单位工资构成中,职务工资(固定部分)为70%,津贴(机动部分)为30%;差额拨款单位,职务工资(固定部分)为60%,津贴(机动部分)为40%。高校教师实行专业技术职务等级工资制,其基本工资由职务工资和津贴两部分构成。教师专业技术职务工资标准,按照专业技术职务序列设置,每一职务分别设立若干工资档次,是基本工资中固定的部分。津贴是基本工资构成中"活"的部分,与教师的实际工作数量和质量挂钩,体现了多劳多得、少劳少得、不劳不得的按劳分配原则。对于科研事业单位中从事科学技术工作的人员,可建立科研课题津贴、科研辅助津贴和研究生导师津贴;对于担任领导职务的专业技术人员,可领取领导职务津贴。奖金制度继续实行,在考核基础上,对考核合格的人员发放年终一次性奖金,奖金数额相当于本人当年十二月份的月工资(含津贴部分)。

1993年的工资制度虽然消灭了部分不合理现象,但仍有部分问题需要进一步解决,就工资体系而言还不够健全。例如:高校工资平台现象严重,出现了工资上的几代同堂问题;同一单位工资系列过多,各系列工资标准不统一;增资幅度失衡,工资增长机制中资历性因素高于岗位和职务性因素,依据资历增长的工资大于依据岗位和职务的晋升而增长的工资;工资调节机制不健全,工资标准中"活"的津贴部分起不到真正的调节作用等。

为了进一步规范内部分配,1996年财政部、国家计委、国家经贸委、国家科委四部门联合发布了《科技三项费用管理办法(试行)》,将提取项目结余比例控制在10%以下。1997年,《关于进一步推进事业单位工资总额包干试点工作的指导意见》出台,对事业单位工资总额包干的原则、形式给予指导,通过国家控制单位工资总额,在搞活内部分配的基础上形成一定的规范。

1998年,国家启动中国科学院知识创新工程试点,中国科学院将人事制度改革作为知识创新工程试点的重要内容,探索形成了国家工资总额控制下的"三元结构工资制"。"三元结构工资制"包括基本工资、岗位工资和绩效工资。其中,基本工资是国家统一支付的工资;岗位工资是通过竞争遴选进入创新工程序列人员的"创新岗位"工资,由单位确定并支付;绩效工资反映科研人员的实际贡献,主要根据科研人员完成和承担科研任务的情况来确定,从科研人员承担的项目的经费以及科技成果转移转化收入中列支。

6. 岗位绩效工资制度阶段

随着经济发展和社会的不断进步,特别是党的十六大召开以来,根据党的十六大和十六届三中全会关于“推进事业单位收入分配制度改革”的要求，从落实科学发展观和实施人才强国战略出发，事业单位收入分配制度在理论和实践上又有了较大的突破和发展。

2006 年，国务院发布了《事业单位工作人员收入分配制度改革方案》《事业单位工作人员收入分配制度改革实施办法》《关于公务员工资制度改革和事业单位工作人员收入分配制度改革实施中有关问题的意见》等系列文件，表明第四次收入分配制度改革的开始。这次改革确定了新的工资制度，即岗位绩效工资制度。此次事业单位工作人员收入分配制度改革，建立了符合事业单位特点、体现岗位绩效和分级分类管理的收入分配制度，形成了完善的收入水平决定机制、动态调整机制和有效的激励机制，健全了体现事业单位特点的工资管理体制及调控机制，使职工的劳动报酬与其岗位职责、工作业绩相联系，逐步实现了事业单位收入分配制度的科学化、规范化和法制化。

对于高校教师而言，此次工资制度改革确立的工资体系由四部分组成：一是依据所聘岗位（职务）确定的岗位工资和由资历确定的薪级工资；二是根据绩效发放的绩效津贴；三是清理规范后发放的津贴；四是艰苦边远地区津贴。其中，岗位工资共十三级，教授为一至四级；副教授为五至七级；讲师为八至十级；助教为十一至十二级；员级为十三级。薪级工资主要由资历决定，即由岗位（职务）、任职年限和工作年限三要素共同决定。

国家薪酬政策在理论上有了一定的突破，解决了“以岗定薪”的问题，随着经济发展和高校人事分配制度改革的不断深入，分配要素多元化为高校自发进行内部分配制度改革提供了理论依据，高校内部管理体制改革为分配制度创新创造了条件，高校招生收费和经费核拨方式的改变为分配制度的创新奠定了基础。

7. 协议工资与长聘教职制度的发展阶段

2006 年工资制度改革中，明确提出了采取协议工资等灵活多样的分配形式和办法，完善高层次人才收入分配激励机制。高校和科研机构依据自身需要逐步探索对高层次人才实行协议工资制，根据人才市场价格，与人才协商确定工资水平，实行市场化的薪酬制度。中科院早在 2001 年便开始试点实行协议工资制，引进了部分研究所所长和实验室主任。北京生命科学研究所“以改革试点的方式，采用与国际接轨的管理和运行机制，以国际一流科学家集体为基础”建立起来的一个新的研究所，实行不同于一般科研事业单位的薪酬制度，是实行协议工资制的典型代表。其助理研究员、副研究员、正研究员的年薪分别是 30 万元、40 万元及 50 万元，其工资水平据称是按照美国同等职位最低标准的 75%来确定的。另外，一些高校也对从国内外引进高水平人才采用协议工资制，如北京大学通过“千人计划”引进的人才年薪一般为 50 万～80 万元，天津大学推出的“北洋学者·海外杰出青年人才引进计划”为引入人才提供 40 万～60 万元的年薪。

随着人才引进规模的增大，协议工资范围的扩大对国家整体薪酬制度和人才任用制度的影响也越来越大。一些高校采用了国外比较成功的“常任轨”制度，又称“长聘教职”制度，英文为 Tenure System 或 Tenure Track。其核心特点在于，高校向教师提供 6 年聘期，聘期满后，通过评估考核，教师获得长期聘任教职，即“终身教职”。未通过考核者，将不再继续聘任。近年来，国内高校纷纷试水“长聘教职”制度，在引进海外人才的过程中设立“特区”，对相关教师实施单独的考核和评价，要求其产出高水平研究成果，同时提供比现有教师队伍更高的薪酬和待遇。上海财经大学从 2004 年起探索“常任轨”制度，是国内较早推行“长聘教职”的高校之一。上海交通大学自 2009 年开始也推行此制度，目前已经有两批青年教师完成考核评估。同济大学从 2013 年开始，对新引入的助理教授采用“3 年＋3 年”聘任办法，也就是将 6 年聘期分成两个 3 年聘期，前一个聘期结束后的中期评估如果不合格，则不再进入后一个聘期，两个 3 年聘期考核通过则成为副教授。复旦大学从 2015 年开始实行新的改革方案，探索“预聘-长聘”制。

8. 以增加知识价值为导向的分配制度

近年来，高校教师的知识价值越来越受到重视。2016 年 11 月，国务院办公厅印发了《关于实行以增加知识价值为导向分配政策的若干意见》，提出要加快实施创新驱动发展战略，实行以增加知识价值为导向的分配政策，充分发挥收入分配政策的激励导向作用，激发广大科研人员的积极性、主动性和创造性，鼓励多出成果、快出成果、出好成果，推动科技成果加快向现实生产力转化。统筹自然科学、哲学社会科学等不同科学门类，统筹基础研究、应用研究、技术开发、成果转化全创新链条，加强系统设计、分类管理。充分发挥市场机制作用，通过稳定提高基本工资、加大绩效工资分配激励力度、落实科技成果转化奖励等激励措施，使科研人员收入与岗位职责、工作业绩、实际贡献紧密联系起来，在全社会形成知识创造价值、价值创造者得到合理回报的良性循环，构建体现增加知识价值的收入分配机制。

综上所述，我国高校薪酬制度改革总体发展情况如图 2-1 所示。

年份	阶段	主要特点
1949年	基于职务的供给制与工资制并存阶段	➢多数高校实行免费供给生活必需品的供给制； ➢部分高校实行工资制
1955年	全国统一的高等学校等级工资制度逐渐建立阶段	➢1952年，颁布《全国各级学校教职员工工资标准表》，工资标准按职务划分成33级，最高最低工资相差12.22倍； ➢1954年，颁布《全国高等学校教职工工资标准表》，提高工资待遇，调整工资级别不合理现象； ➢1955年，颁布《关于国家机关工作人员全部实行工资制和改行货币工资制的命令》，全部实行工资制
1956年	职务等级工资制阶段	➢1956年6月，第一次全国性的工资改革，建立了全国统一的等级工资制度； ➢1956年7月，《全国高等学校教学人员工资标准表》共分12级，加大了级差，减少了级别，教学人员最高工资为最低工资的5.56倍，教师工资水平处于社会中上游
1985年	以职务工龄为主的结构工资制阶段	➢1985年，第二次全国范围的工资制度改革，结束了实行30多年的职务等级工资制、建立了正常的晋级增资制度； ➢1985年8月，发布《高等学校教职工工资制度改革实施方案》，按教授、副教授、讲师、助教的职务分列、实行以职务工资为主要内容的结构工资制
1993年	引入津贴制度的职务等级工资制阶段	➢1993年10月，第三次包括高校在内的工资制度改革； ➢在科学分类的基础上，实现了机关和事业单位工资制度分离，引入竞争、激励机制，加大工资中“活”的部分，建立了正常工资增长机制和工资总额计划管理办法，把工资增长与考核挂钩； ➢陆续建立了住房公积金、失业保险金和基本医疗保险金等社会保障性福利项目
2006年	岗位绩效工资制度阶段	➢2006年，第四次收入分配制度改革，确定了岗位绩效工资制度； ➢薪级工资主要由资历决定、即由岗位(职务)、任职年限和工作年限三要素共同决定
2006年—至今	协议工资与长聘教职制度的发展阶段	➢逐步探索对高层次人才实行协议工资，根据人才市场价格，与人才协商确定工资水平，实行市场化的薪酬制度； ➢2001年，中科院开始试点实行协议工资制； ➢2004年，上海财经大学探索“常任轨”制度； ➢2009年，上海交通大学也推行“常任轨”制度； ➢2013年，同济大学对新引入的助理教授采用“3年+3年”聘任办法； ➢2015年，复旦大学开始探索“预聘-长聘”制； ➢2016年11月，《关于实行以增加知识价值为导向分配政策的若干意见》，推动形成体现增加知识价值的收入分配机制，扩大科研机构、高校收入分配自主权，进一步发挥科研项目资金的激励引导作用，加强科技成果产权对科研人员的长期激励，允许科研人员和教师依法依规适度兼职兼薪

图 2-1　我国高校薪酬制度发展情况

2.1.2　国内高校薪酬制度现状

1. 经费来源

长期以来，我国高校的办学资金来源主要是国家财政拨款和地方政府财政补助。20 世纪 90 年代以后，高校资金的投入更加多元化，形成国家、集体、个人多元化投入的新局面。高校资金的主要来源包括：财政拨款、教育税收、学费、校办产业、社会捐赠、助学基金和科研经费等。但财政拨款仍然是高校资金的最主要来源，自 2012 年以来，国家教育经费的投入占国内生产总值的比例超过了 4%，且每年都在增长，2016 年达到 5.2%，超过 3 万亿元，但与世界平均水平的 7%和发达国家的 9%相比，还有一定距离。

2. 薪酬标准及结构

我国公立高校的教师薪酬制度基本是依据事业单位薪酬制度而制定的，故公立高校教师的薪酬标准与结构基本与事业单位的薪酬标准与结构一致。2006 年开始的第四次全国性工资改革，国内公立高校教师薪酬依据此次事业单位薪酬制度改革，基本实行了绩效工资体系。据 2018 年《关于调整事业单位工作人员基本工资标准的通知》，事业单位专业技术人员岗位工资分十三个等级，从十三级的每月 1 510 元至一级的每月 6 010 元。管理人员岗位分十个等级，岗位工资每月从 1 510元至 5 910 元，工人岗位分六个等级，岗位工资每月从 1 480 元至 2 250 元，如表 2-1 所列。关于薪级工资标准，专业技术人员、管理人员分 65 个薪级，每月从 260 元至 7 204 元，工人分 40 个薪级，每月从 225 元至 2 232 元，如表 2-2 所列。

表 2-1　事业单位工作人员岗位工资标准　　单位：元

岗位	工资等级	最低工资	最高工资
专业技术	13	1 510	6 010
管理	10	1 510	5 910
工人	6	1 480	2 250

表 2-2　事业单位工作人员薪级工资标准　　单位：元

岗位	薪级	最低工资	最高工资
专业技术	65	260	7 204
管理	65	260	7 204
工人	40	225	2 232

另据 2014 年《上海市教育委员会其他事业单位实施绩效工资的指导意见(试行)》文件规定，上海市相关事业单位绩效工资分基础性绩效和奖励性绩效两部分，其中基础性绩效工资占总量的 60%，分为岗位津贴、工作量津贴两个项目，奖励性绩效各单位可以根据实际需要，设立绩效考核子项目，并制定相应的标准和发放办法。文件规定了上海市其他事业单位专业技术岗位津贴标准，从最低的每月 1 110 元至最高每月 2 885 元，管理岗位津贴标准，从最低的每月 1 110 元至最高每月 2 750 元，工人岗位绩效工资标准，从最低的每月 1 100 月至最高每月 2 280 元，如表 2-3 所列。绩效工资经费来源由财政和单位分别负担，原则上全额拨款事业单位由同级财政负担，差额拨款事业单位由同级财政和单位按原分担安排解决，自收自支事业单位由单位负担。

表 2-3　上海市其他事业单位岗位津贴标准　单位：元

岗位	最低标准	最高标准
专业技术	1 110	2 885
管理	1 110	2 750
工人	1 100	2 280

2.1.3　国内高校教师薪酬情况的发展变化

我国高校教师薪酬制度经历了四次全国性的国家机关和事业单位工资制度改革，现阶段主要实行的是岗位绩效工资制度。为了更清楚地了解高校教师的实际收入情况，根据 1989—2018 年(缺 1991 年数据)《中国劳动统计年鉴》数据，整理得到历年平均工资情况，如表 2-4 所列，其中平均工资指企业、事业、机关等单位的就业人员在一定时期内平均每人所得的货币工资额，计算方式是报告期实际支付的全部就业人员工资总额除以报告期全部就业人员平均人数。表 2-4 中列举了 1989—2018 年高等教育年平均工资及其增长率、全国年平均工资及其增长率、高等教育年平均工资的排名、当年排名第一的行业的年平均工资、高等教育年平均工资与当年排名第一的行业的年平均工资比值、当年的 *CPI*(居民消费价格指数)等，其中排名第一的行业的年平均工资是指当年全行业中年平均工资最高的那个行业的年平均工资额。

高等教育年平均工资是高等教育行业所有货币工资总额除以从事高等教育的人员数，虽然不能完全体现所有高校教师的实际收入，但是仍能很好地反映高校教师的收入水平，特别是能够较为客观地反映高校教师收入的变化情况以及与其他行业收入水平的比较。

表 2-4 历年平均工资情况

年份	高等教育年平均工资/(元·年$^{-1}$)	高等教育年平均工资增长率	全国年平均工资/(元·年$^{-1}$)	全国年平均工资增长率	高等教育年平均工资在行业分类中排名	排名第一的年平均工资/(元·年$^{-1}$)	高等教育年平均工资/排名第一年平均工资	*CPI*
1989	2 042	—	2 055	—	25	3 346	61.03%	18.25%
1990	2 325	14%	2 284	11%	21	4 018	57.86%	3.05%
1992	3 054	31%	2 878	26%	24	4 782	63.86%	6.35%
1993	3 880	27%	3 371	17%	26	6 798	57.08%	14.61%
1994	5 960	54%	4 499	33%	22	9 631	61.88%	24.26%
1995	6 427	8%	5 348	19%	30	12 654	50.79%	16.79%
1996	7 545	17%	5 980	12%	27	14 357	52.55%	8.31%
1997	8 687	15%	6 444	8%	23	18 086	48.03%	2.79%
1998	9 931	14%	7 446	16%	19	17 416	57.02%	−0.77%
1999	11 600	17%	8 319	12%	16	19 748	58.74%	−1.40%
2000	14 066	21%	9 333	12%	11	27 337	51.45%	0.35%
2001	17 887	27%	10 834	16%	9	30 453	58.74%	0.72%
2002	21 046	18%	12 373	14%	9	38 855	54.17%	−0.73%
2003	23 307	11%	13 969	13%	11	43 143	54.02%	1.13%
2004	26 005	12%	15 920	14%	14	50 930	51.06%	3.82%
2005	29 192	12%	18 200	14%	17	56 833	51.36%	1.78%
2006	33 685	15%	20 856	15%	17	86 705	38.85%	1.65%
2007	38 963	16%	24 721	19%	18	140 501	27.73%	4.82%
2008	43 683	12%	28 898	17%	20	167 995	26.00%	5.93%
2009	47 693	9%	32 244	12%	20	166 985	28.56%	−0.73%
2010	52 996	11%	36 539	13%	20	168 116	31.52%	3.18%
2011	58 178	10%	41 799	14%	21	156 662	37.14%	5.55%
2012	64 145	10%	46 769	12%	15	157 975	40.60%	2.62%
2013	70 898	11%	51 483	10%	17	188 860	37.54%	2.62%
2014	77 873	10%	56 360	9%	17	202 301	38.49%	1.92%

（续表）

年份	高等教育年平均工资/（元·年$^{-1}$）	高等教育年平均工资增长率	全国年平均工资/（元·年$^{-1}$）	全国年平均工资增长率	高等教育年平均工资在行业分类中排名	排名第一的年平均工资/（元·年$^{-1}$）	高等教育年平均工资/排名第一年平均工资	*CPI*
2015	87 480	12%	62 029	10%	13	283 780	30.83%	1.44%
2016	98 950	13%	67 569	9%	10	264 524	37.41%	2.00%
2017	112 169	13%	74 318	10%	9	272 750	41.13%	1.59%
2018	125 222	12%	82 413	11%	11	335 835	37.29%	2.10%

（数据来源：根据历年中国劳动统计年鉴整理。）

从表 2-4 可以总结出如下问题：

第一，总体收入不断提升。结合图 2-2 可以看出，高校教师的收入在不断增加，除 1995 年和 2009 年外，其余年份的平均工资增长率都在 10%以上，特别是 2014—2018 年都保持在 12%以上的增长率，而 2014—2018 年 *CPI* 值都在 2%左右。1989 年，高等教育平均工资低于全国平均工资，但随后高等教育平均工资开始高于全国平均工资，并且差距在不断拉大，说明高等教育平均工资的增长大于全国平均工资。与同年的 *CPI* 比较可知，高等教育年平均工资的增长率都大于 *CPI*。

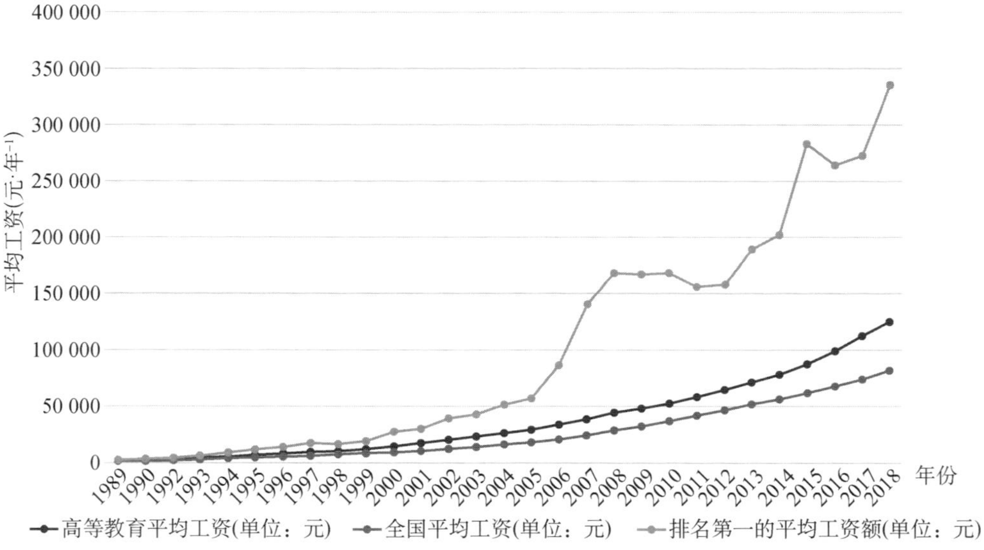

图 2-2　年平均工资比较

第二，高校教师的收入水平存在较大波动。结合图 2-3 可见，高校教师的年平均工资的排名存在较大波动。1989—1997 年，高校教师的年平均工资在全行业中排名都在二十名以下，随后排名开始逐步上升，到 2001 年排名已进入前十，但之后高等教育年平均工资排名又开始下降，到 2008 年开始连续四年排名又跌至二十名左右，2016 年和 2017 年排名回升到前十。这意味着，高校教师的收入排名存在较大波动，20 世纪 80 年代收入水平较低，进入 2000 年收入水平有所上升，而到 2008 年收入排名又降回到 1990 年的排名，2008 年以后又有所上升。

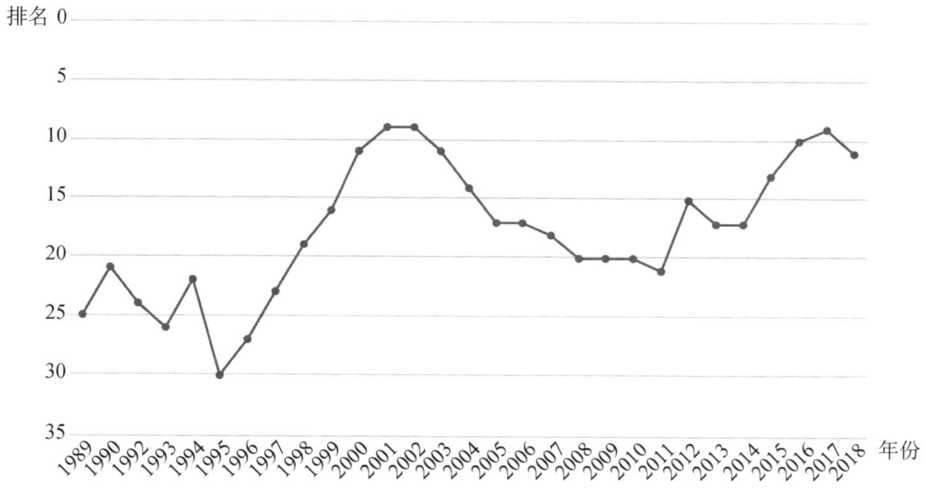

图 2-3　高校教师的年平均工资在行业分类中的排名

第三，高校教师与高收入行业的收入差距在不断拉大。结合图 2-2 和图 2-4 可以看出，虽然高校教师的收入在不断提升，但是与高收入行业相比，差距也在不断拉大。2005 年之前，高校教师的平均工资与行业排名第一的平均工资的占比基本在 50%以上，但 2006 年之后此占比变小，到 2008 年高校教师的平均工资只有全行业最高平均工资的四分之一左右，这说明虽然高校教师的收入在提高，但是和高收入行业的差距却是越来越大。

从以上分析可以得到以下结论：

第一，经过四次薪酬制度改革，高校教师的收入虽然在不断提升，自身价值得到了一定体现，但高校教师的收入水平总体并不高，而且行业间收入差距在逐渐拉大，通过分析《中国劳动统计年鉴》的数据可以发现，高校教师的收入与金

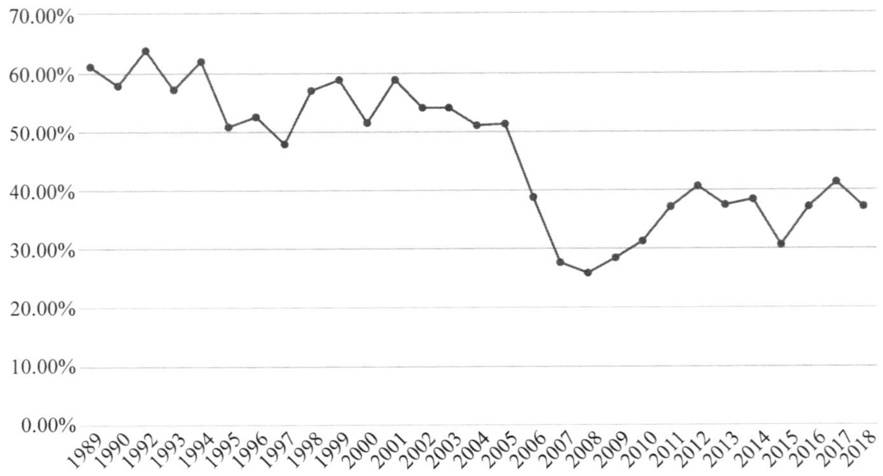

图 2-4　高等教育年平均工资与当年排名第一的行业的年平均工资比值

融、互联网、电信、电力、航空、烟草等行业的收入差距较大。由于高校教师薪酬水平不具有外部竞争力，因此难以形成对高层次人才的吸引。另外，高校内部薪酬在不同职称、不同学科之间也存在较大差异。

第二，高校教师的人力资本价值没有得到很好的体现，人力资本价值低估。2018 年度高等教育从业人员本科及以上学历的比例为 46.9%，为所有行业中比例最高（数据来源为 2019 年《中国劳动统计年鉴》），现阶段各高校对教师招聘的要求基本为博士研究生学历，因此高校教师所接受的教育程度更好，受教育时间更长，为自身职业需要所投入的时间、精力和经济成本也更高。同时，高校教师担负着各行业高级人才的培养任务，对更新行业发展和推动行业进步起到重要作用，也对我国科技经济建设做出了重要贡献。但高校教师的工资水平并没有体现出人力资本的价值，即人力资本价值被低估了。

第三，绩效工资改革呈现一定的效果。2006 年，《高等学校贯彻〈事业单位工作人员收入分配制度改革方案〉的实施意见》发布，各高校的绩效工资改革方案陆续出台，但各高校绩效工资改革的实施有一定延迟。从表 2-4 可知，虽然 2008—2014 年，高等教育平均工资年增长率并没有大的改变，收入排名也一直在二十名左右，但 2015—2018 年收入增长率与往年相比有了一定的提升，收入排名也提升至十名左右，而 2014 年左右大部分高校完成了绩效工资改革，这说明绩效工资改革对高校教师收入提升有一定的促进作用。

2.2 国外高校教师薪酬情况调查

2.2.1 美国

1. 薪酬制度

美国高校教师的薪酬分配制度有两种形式:教师签约薪资制度和单一固定薪资制度。这两种制度并存,但占据主体地位的是教师签约薪资制度。教师签约薪资制度是指高校依据教师的工作经验、学术活动情况以及教育水平等对教师的预期工作产出做出判断,并以此确定教师的底薪。单一固定薪资制度则等同于我国的高校教师职务等级工资。

美国各高校在教师最高薪资和最低薪资方面都有明确规定。教师的薪资构成包括固定的基本工资、可变工资以及奖金,其中固定工资占教师工资构成的55%以上,占据主体地位。固定工资会随着教师职务的晋升以及物价的变化而有所调整。可变工资则由教师自身的专业及其业绩来确定。高校教师年薪按照9~10个月的工作合同为基础,美国高校教师在假期利用业余时间或者因为从事第二职业等的收入不纳入教师工资范畴之内。

年薪制是美国高校教师主要的薪资分配形式。在私立高校,一般情况下,首先由各高校的校长结合自身的实际财力,在教师薪资方面提出自己的建议和想法;再由学校董事会通过集体决议确定教师的工资构成、工资标准以及工资级别等。公立高校与私立高校不同的是,必须首先由各州议会集体决议批准该州范围内各高校的教师薪资级别,再由各院校的校长依据现有的工资级别向学校董事会或者州立法机关提交该院校教师薪资标准的建议。在公立高校中,董事会享有财政自主权,因此,在教师的薪资标准方面具有一定的决定权。

2. 薪酬结构

美国高校教师的薪酬结构主要由基本工资、绩效工资(或奖金)和福利三部分构成

(1) 基本工资。基本工资是教师所在院校付给教师每年从事9~10个月相关的教学、科研活动的报酬,这部分一般分散在一年的12个月内发放。在各部分的构成比例中,基本工资占高校教师工资中的大部分,为55%~66%。

(2) 绩效工资。高校教师薪酬构成中,绩效工资占比在5%~15%。尽管基于绩效的薪酬制度在美国高校特别是私立高校越来越受到重视,但基于教育行

业的特点和高校教师的职业性质，美国许多公立大学仍坚持保障优先、有效激励的原则，将教师导向合作而非竞争。

(3) 福利。福利是高校提供给教师的除基本薪酬和奖励以外的一种重要待遇形式。美国大部分高校教师的福利收入达到总收入的 20%～40%，而且近年来呈上升趋势。分类细密全面，内容非常完善。据统计，美国教师的福利达 29 项之多，福利项目涵盖身体、心理、食品、交通出行、住房保障、子女教育等各个方面。并且所有福利项目一目了然，教师可以完全清楚掌握并根据规定很好地享受自己的权益。

3. 薪酬水平

根据美国大学教授联合会(American Association of University Professors, AAUP)2016—2017 年度全美高校教职工薪酬调查报告，较上一年度(2015—2016 年)美国各学术等级的教职工薪酬增加了 2.6%(不考虑通货膨胀)，若考虑通货膨胀，增长比例仅为 0.5%。2016—2017 年度，美国教授的年均薪酬为 102 402 美元，副教授的年均薪酬为 79 654 美元，助理教授的年均薪酬为 69 206 美元。从均值来看，较 2015—2016 年度，教授薪酬增长了 2 956 美元，副教授薪酬增长了 2 462 美元，助理教授薪酬增长了 2 224 美元。根据高校教师的不同学术等级，具体情况如表 2-5 所列。

表 2-5　2016—2017 年美国高校各职称教师年均薪酬　　单位：美元

学术等级	薪酬			
	所有高校	公立高校	私立高校	教会大学
博士学位				
教授	132 471	124 485	154 369	125 277
副教授	94 966	90 619	106 991	90 843
助理教授	83 150	79 126	94 470	79 231
讲师	63 302	60 175	71 937	72 418
总体	98 994	92 222	92 222	94 851
硕士学位				
教授	94 950	94 201	98 437	88 309
副教授	76 693	76 428	78 948	71 592
助理教授	66 740	66 532	68 590	62 469

（续表）

学术等级	薪酬			
	所有高校	公立高校	私立高校	教会大学
讲师	55 111	53 986	59 300	54 975
总体	75 233	74 123	78 359	71 000
学士学位				
教授	90 368	87 139	93 824	79 002
副教授	72 426	71 379	74 204	65 762
助理教授	62 247	60 382	63 784	57 464
讲师	58 884	51 694	65 370	50 845
总体	72 831	67 733	75 994	64 891

（数据来源：https://www. aaup. org/report/visualizing-change-annual-report-economic-status-profession-2016-17）

如表2-5所列，美国私立高校各职称的教师薪酬水平要显著高于公立高校和教会大学的，且职称越高，差距越大。这说明，美国私立高校的薪酬更具竞争力。虽然，私立高校与公立高校的教师薪酬水平存在一定差距，但美国高校教师的总体薪酬水平在社会各行业中处于中上水平。同时，不论何种类型的高校均表现出职称越高薪酬水平越高的情况，如全职教授的年均薪酬比副教授的年均薪酬平均高出2万美元，而副教授与助理教授的年均薪酬差在1万美元左右，助理教授与讲师的年均薪酬差在2万美元左右。教授与讲师之间的薪酬差异更大，有些教授的薪酬甚至是讲师薪酬的两倍。

若区分男女教师的不同薪酬，通过AAUP提供的2016—2017年度高校教师薪酬调查中的相关数据可以发现，年均薪酬男教师比女教授平均高出4 000美元，具体情况如表2-6所列。

表2-6　2016—2017年美国高校男女教师年均薪酬　　单位：美元

学术等级	所有高校	公立高校	私立高校	教会大学
博士学位				
教授	135 739 （124 217）	127 615 （116 223）	158 530 （145 578）	127 531 （119 272）
副教授	97 313 （91 772）	92 990 （87 652）	109 261 （103 203）	93 272 （88 243）

（续表）

学术等级	所有高校	公立高校	私立高校	教会大学
助理教授	85 816 (79 959)	81 977 (76 072)	96 768 (90 558)	81 307 (76 760)
讲师	65 857 (60 911)	61 923 (58 220)	77 341 (68 106)	73 913 (76 242)
总体	108 372 (91 356)	101 447 (85 344)	127 290 (107 108)	103 032 (89 724)
硕士学位				
教授	96 605 (92 097)	95 882 (90 889)	100 226 (95 860)	89 503 (86 657)
副教授	77 952 (74 990)	77 744 (74 846)	80 107 (76 787)	72 741 (70 657)
助理教授	67 627 (65 604)	67 909 (65 261)	68 853 (67 440)	63 190 (61 938)
讲师	56 320 (54 400)	54 720 (53 705)	62 320 (57 251)	56 355 (54 178)
总体	79 782 (73 401)	79 026 (72 314)	82 866 (76 274)	74 295 (69 793)
学士学位				
教授	92 218 (87 979)	87 876 (85 158)	95 983 (91 241)	80 622 (77 070)
副教授	73 001 (71 270)	72 183 (69 536)	74 833 (73 367)	65 992 (64 165)
助理教授	62 686 (61 574)	60 917 (59 706)	64 208 (63 239)	57 719 (56 598)
讲师	60 792 (57 137)	52 537 (51 771)	68 419 (62 096)	53 942 (47 162)
总体	77 052 (71 651)	71 297 (67 566)	80 553 (74 435)	68 514 (64 199)

注：括号内为女教师薪酬。

（数据来源：https://www.aaup.org/report/visualizing-change-annual-report-economic-status-profession-2016-17）

2.2.2 德国

1. 薪酬制度

德国的高校教师属于公务员，在公务员管理体制下，高校教师的雇主是政府，其工作和收入是稳定的，基本属于终身聘用制，市场不直接调解教师与高校的关系。高校教师的工资标准由国家法律统一规定，并由州政府统一发放。联邦层面的《公务员法》《公务员薪俸法》《高等教育总法》及各州的《州高等教育法》《州公务员薪俸法》对高校教师的工资都做了明确规定。

德国高校内部管理体制是建立于“大学—院系（一般按学科划分）—教席（一般按专业划分）”三级组织结构之上。各级管理机构的名称及相应职责均由各州的《州高等教育法》予以规定。院系下属的教席是德国高校最基本的教学及科研单位，一个教席主管整个专业或一个专业的分领域，类似于国内院系下属的教研室。主持教席的教授自行决定本教席具体工作方案的实施，拥有本教席的人事权及经费使用权，尤其是在处理教学科研的问题上具有决定权，体现了德国高校在教学及科研上的教授自治原则。

德国高校教师薪酬制度在设计上既要兼顾高校教师公务员的身份以及传统的“教授治校”原则，又要通过灵活的控制机制强化大学对高校教师的管理，最大限度地调动其工作积极性。

按德国《高等教育总法》的规定，德国高校全职教师指的是“终身教授”以及以晋升为“终身教授”为目标的“青年教授”。德国《高校教师薪俸改革法》规定，按照工资级别德国高校全职教师被分为 W1，W2 和 W3 三个等级（W 是德语单词“Wissenschaft”一词的首字母，译为“科学”）。W1 级针对“青年教授”职位而设，W2 和 W3 级是在“终身教授”职位范围内设定的级别。一般而言，W2 级教授只承担教授职位工作，不主持教席工作。W3 级教授不仅承担本教职工作，还独立行使教席行政管理权。

2. 薪酬结构

按照全职教师的三个等级 W1，W2，W3，德国高校教师的工资由基本工资和浮动工资两部分组成。

1）基本工资

2006 年，联邦制改革赋予了州独自颁布《州公务员薪俸法》的权力，州公务员基本工资额由各州按该法的相关规定自行设置，并根据经济发展现状有规律地予以调整。2013 年，联邦议会颁布的《高校教师薪俸新规法》要求对

W2，W3 级教授的基本工资进行档次划分，以任职年限作为确定档次的依据，即从受聘为教授之日起，任职期每满 7 年晋级一档。对此规定，各州可根据《州公务员薪酬法》进行相应调整，表 2-7 列出了德国 2017 年 8 月高校教师的平均基本工资金额。另外，联邦范围内，W2 和 W3 级教授的基本工资均纳入退休金范畴。

表 2-7　2017 年德国高校教授平均基本工资　　单位：欧元/月

级别	平均基本工资		
W1	4 566		
	档 1（入职当天至第 5 年）	档 2（入职后第 6 年至第 12 年）	档 3（入职后第 13 年至退休）
W2	5 672	6 006	6 339
W3	6 339	6 784	7 229

（资料来源：https://www.hochschulverband.de/fileadmin/redaktion/download/pdf/besoldungstabellen/grundgehaelter_w.pdf）

2）浮动工资

浮动工资只针对 W2 和 W3 级教授，W1 级“青年教授”没有。《联邦公务员薪俸法》规定，浮动工资主要由以下三类补贴组成：

（1）招聘及挽留补贴：聘任谈判及留岗谈判下，雇佣双方达成一致的补贴形式，用以赢得优秀教师，避免人才外流。此类补贴可设定期限，亦可分批支付或一次性支付；

（2）业绩补贴：针对在科研、教学、艺术、继续教育及后备人才培养上产生的业绩而设定。此类补贴是严格意义上的绩效工资，可设定期限，亦可分批支付或一次性支付；

（3）领导职务补贴：针对在高校管理上，相关人员所承担的功能及事务而设定。

根据德国高校联盟 2011 年对其 370 名高校教师的问卷调查结果显示，招聘及挽留补贴额度随专业、学科的不同而有所差异，W3 级教授所得浮动工资的平均值为 1 030 欧元，W2 级教授为 840 欧元，具体情况如表 2-8 所列，固定工资和浮动工资的占比大概为 8∶2。

表 2-8 2011 年德国高校按学科分类的招聘及挽留补贴额度 单位:欧元/月

学科	级别	
	W2	W3
文科	800	900
自然科学	900	1 300
工程学	1 200	1 600
平均值	840	1 030

(资料来源: https://www.wissenschaftsmanagement-online.de/sites/www.wissenschaftsmanagement-online.de/files/migrated_wimoarticle/detmer_mythos_w.pdf)

3)福利

德国高校教师终身享受公务员的薪酬待遇。除了享受终身医疗保险之外,国家还为其本人及配偶和未成年子女支付超过一半的医疗费用;每年享受全薪休假;国家发放针对教师的特殊补贴;退休后的养老金高达在职职工工资的75%;配偶和未成年子女享受遗属生活补贴等。

3. 薪酬水平

根据 2017 年 8 月德国大学协会(Deutscher Hochschul Verband, DHV)公布的各州(或市)高校教师薪酬相关数据,就德国全国高校而言,三种教师职务类型(W1, W2, W3)高校教师的月平均薪酬额度分别为 4 566 欧元、5 672 欧元和 6 339 欧元。分析不同地区高校教师薪酬的情况,巴登-符腾堡州高校教师的平均薪酬最高,分别为 4 781 欧元/月、6 021 欧元/月和 6 834 欧元/月;黑森州高校教师的平均薪酬最低,分别为 4 129 欧元/月、5 184 欧元/月和 5 748 欧元/月。柏林作为德国的首都,德国最大的城市,且是政治和经济中心,该区高校教师的平均月薪酬额度却在全国高校教师薪酬平均水平以下。德国不同州(市)2017 年 8 月高校教师平均薪酬额度具体情况见表 2-9。

表 2-9 德国不同州(市)2017 年 8 月高校教师平均薪酬额度 单位:欧元/月

等级	W1	W2	W3
整体	4 566	5 672	6 339
巴登-符腾堡州	4 781	6 021	6 834
巴伐利亚州	4 444	5 517	6 530
柏林	4 304	5 426	6 222

（续表）

等级	W1	W2	W3
勃兰登堡	4 272	4 862	5 876
不来梅	4 264	4 854	5 869
汉堡	4 314	4 907	5 928
黑森州	4 129	5 184	5 748
梅克伦堡-前波莫瑞州	4 230	5 483	6 392
下萨克森州	4 326	5 614	6 107
北莱茵-威斯特法伦州	4 336	5 707	6 304
莱茵兰-普法尔茨	4 323	5 265	5 974
萨尔	4 236	5 430	6 326
萨克森	4 434	5 435	6 123
萨克森-安哈尔特	4 321	5 685	6 311
石勒苏益格-荷尔斯泰因	4 271	5 599	6 340
图林根	4 342	5 575	5 958

（资料来源：https://www.hochschulverband.de/fileadmin/redaktion/download/pdf/besoldungstabellen/grundgehaelter_w.pdf）

2.2.3 英国

1. 薪酬制度

英国的《教学与高等教育法案》《继续与高等教育法案》等法律规定了政府及有关教育机构的权力、义务和权限。英国设有教育与就业部，但只负责英格兰地区的教育与培训政策，威尔士和北爱尔兰的教育由两地区的有关机构负责。具有特色的是，英国高等教育拨款委员会负责管理和分配政府的高等教育经费。英国的高校教师具有自由职业者的特点，由地方政府或高校自行决定教师的工资制度。其中，公立学校与私立学校又有不同的特点。公立大学教师的工资管理体制大体上有两种模式：一种是地方政府（州或省）及其高等教育管理机构通过立法来下达经费预算、制定工资标准、规定教职员工社会保障福利待遇政策等渠道和措施，进行高校薪酬制度的宏观管理和政策指导，高校在具体实施教职员工聘任和确定薪酬政策方面具有自主权。对于私立大学而言，主要的模式是校方与教师个人之间的合约(合同)制。私立大学在教学研究水平、教育质量、社会声望乃至经费来源等方面总体上优于公立大学,教师的工资待遇也比较高,福利制度很有特色。故而,私立大学教师的劳动报酬与劳动力市场的价位水平联系更加紧密,实行的是市场化的薪酬战略。

英国高校实施绩效工资制,以职务等级决定其基本工资部分,以年功积累(工龄和贡献的累积)决定其工资稳定增长的部分,以工资绩效决定其奖励部分(周正儒,丁萍芳,2016)。对于高校教师的绩效评价,高校一方面考察教师在教学和科研学术方面的成果,另一方面考察教师对学校和团队进步的贡献。如此,既能使教师的贡献得到回应,又能有效引导教师的合作行为,促使教师自身及其团队的改进与发展。

2. 薪酬水平

英国高等教育统计机构(Higher Education Statistics Agency, HESA)会代表英国政府收集、分析和传播英国高校教职工薪酬情况的相关信息。根据HESA公布的2015—2016年度英国各地区高校教职工薪酬相关数据可以发现,英格兰地区高校教师的薪酬比其他三个地区的薪酬要高一些;另外,不论哪个地区的高校,具有教授职称的教师或资深教学科研人员其教师薪酬要远高于讲师的薪酬,而且从整体平均而言,收入较低的讲师所占比例较大。具体情况如表2-10所列。

表2-10 英国不同地区2015—2016年度高校教师平均薪酬额度 单位:英镑/年

地区	平均薪酬			
	教授	其他资深教学科研人员	讲师	所有教学科研人员
整体	79 030	82 506	43 607	49 408
英格兰	79 322	84 054	43 647	49 491
苏格兰	78 097	78 385	43 544	49 226
威尔士	77 239	72 346	42 963	48 641
北爱尔兰	75 965	74 484	43 735	48 702

(数据来源:https://www.timeshighereducation.com/sites/default/files/breaking_news_files/uk_university_salaries_2015-16.pdf)

若区分男女教师的不同薪酬,通过HESA提供的2015—2016年度各地区高校教师薪酬调查中的相关数据,从整体平均值而言,可发现男教授的薪酬比女教授年均高出5 000英镑。具体情况如表2-11所列。

表 2-11　2015—2016 年英国各地区高校男女教师平均年薪酬额度　单位：英镑/年

地区	平均薪酬							
	教授		其他资深教学科研人员		讲师		所有教学科研人员	
	男	女	男	女	男	女	男	女
整体	80 152	75 482	86 247	75 451	44 300	42 684	51 598	46 163
英格兰	80 436	75 848	88 290	76 348	44 333	42 735	51 677	46 274
苏格兰	79 137	74 674	80 453	73 441	44 262	42 577	51 398	45 855
威尔士	78 426	72 735	74 111	68 852	43 778	44 900	51 068	45 031
北爱尔兰	78 283	69 394	77 194	68 488	44 318	42 957	50 676	45 804

（数据来源：https://www.timeshighereducation.com/sites/default/files/breaking_news_files/uk_university_salaries_2015-16.pdf）

根据英国 PayScale 机构对 193 名高校教师薪酬的相关调查结果(2017 年 8 月 28 日更新)显示，参与调查的高校教师薪酬的平均薪酬为 65 350 英镑/年，中位数是 65 267 英镑/年，基本工资在 46 190～89 546 英镑/年之间，奖金为 986～11 635 英镑/年，总薪酬在 45 684～91 048 英镑/年。

（资料来源：http://www.payscale.com/research/UK/Job=Professor%2C_Postsecondary_%2F_Higher_Education/Salary）

2.2.4　日本

日本的国立大学、公立大学和私立大学因资金来源、管理主体以及生源的不同，逐渐形成了各自的制度体系、管理经营方式和办学特色，它们相互联系又互相补充，构成了日本大学的丰富多彩。近年来，日本的国立大学和公立大学改革，似乎有向私立大学靠近的趋势，国家和地方财政拨款减少，大学原有的国家公务员或地方公务员的管理体制向非公务员管理体制转变，但国家与地方对所属大学的规制减弱，学校的自主权增大，中期规划制定和业绩绩效考察，以及“产学研”的结合为国立大学和公立大学注入了活力。日本大学(无论国立、公立还是私立)体现出较强的人本化的人力资源管理理念，教师的地位和收入水平都比较高。

由于日本大学体制分为国立、公立和私立三种类型，与体制相配套的薪酬制度也大体分为三种类型，彼此在工资、补贴、奖金结构和金额多寡上存在差异，但在薪酬框架上具有一定的相似性。在国立大学法人化改革前，因教师属于国家公务员，薪酬体系遵循日本《国家公务员法》和国家公务员工资相关法律的规定，属于教育职务工资(二)类。法人化改革后，国家给予国立大学教师工资的部分每年以1%的比例减少，但薪酬的构成结构依然沿用人事部门制定的《大学职员工资规程》的基本框架。在公立大学法人化改革前，教师属于地方公务员，遵循日本《地方公务员法》及各地区公务员工资的相关规定，据2012年统计，三成多未实施法人化改革的公立大学依然遵循原有的薪酬框架，六成多改革的公立大学缩减了地方公共团体对大学的投入，扩大了公立大学的自主权和扩充校外筹集资金的渠道，但薪酬制度的基本框架变化不大。私立大学薪酬制度与国立、公立大学相比，具有较大的灵活性和自主性，学校理事会对大学薪酬体系设计及教师薪酬的多寡具有决定权。私立大学的薪酬制度非常独立，没有统一的规律可循，但不少私立大学会参考国家公务员的工资标准和框架来确定本校的教师工资。

1. 薪酬结构

1）基本工资

基本工资是指按月支付的工资，主要包括工作工资和属人工资两部分。其中，工作工资的决定要素为职称、职务和贡献；属人工资的决定要素为年龄、工龄等。基本工资是大学薪酬体系的主干，按职务级分为1～6级，即教务职员、助教或助手、讲师、副教授、教授、校级及院级行政领导。每个职务级又分为不同的“级俸”(或称“星级”)，级俸依据是年龄、工龄、贡献等要素的体现，职务级越高，级俸等级越少，一级级俸薪酬最高。

2）补贴

补贴不与基本工资相对应，而是与生活要件相关联，包括管理职补贴、抚养补贴、住宅补贴和地域补贴等。

(1) 管理职补贴。该补贴是指由校长指定的，发给具有管理和监督职位的职员。

(2) 家族抚养补贴。这是一种增补家庭抚养的费用，以保障教师能安心工作，不为家庭琐事分心，支给对象为教师的配偶、未满22周岁的子女或孙子女、满60岁以上的父母或祖父母、未满22岁的弟妹、重度身心障碍的亲属。

(3) 住宅补贴。根据地区差异，与住宅费用增减相伴随的补助金。

(4) 交通补贴。大学教师利用各种交通工具上下班所发生的相关费用的补贴金。

(5) 地域补贴。支付给所在地区的物价和生活费特别高的教师的补贴金。

3）奖金

日本大学奖金的发放不像工资和补贴那样具有法定义务，但是各校的奖金已成为一种习惯或传统。

4）退休特别奖金

退休特别奖金也称为“退休一时金”，是日本大学的另一种奖励制度，目的是“功劳褒奖”教师以前的辛勤工作和贡献。退休特别奖金是教师退休后大学一次性支付的。

2. 薪酬水平

根据日本政府 2017 年 2 月公布的政府统计报告的相关数据，日本 2016—2017 年度高校教师平均实际发放薪酬比计划薪酬均略高一些，除基本薪酬外，具有不同职称的高校教师还可获得不同金额的奖金，具体如表 2-12 所列。

表 2-12　日本 2016—2017 年度高校教师平均月薪酬额度　　单位：千日元

教师类别	实际发放薪酬	计划薪酬	年奖金
教授	682.7	680.9	3 149.0
副教授	548.7	546.1	2 252.3
讲师	478.1	463.2	1 608.2

（资料来源：http://www.estat.go.jp/SG1/estat/GL08020103.do? _toGL08020103_=&tclassID=000001062209&cycleCode=0&requestSender=estat）

2.2.5　发达国家高校教师薪酬体系特征分析

（1）国外高校教师收入水平大多位于当地收入水平的中上等。如 2013—2014 学年美国高校教师平均工资为 86 293 美元，美国劳工统计局的数据显示，全美各行业年均薪金为 46 440 美元，高校教师的平均工资几乎是各行业平均工资的两倍，基本处于中等偏上水平。英国 2010 年的全职员工收入中位数为 25 123 欧元，高校教师的平均工资也是其两倍以上。日本大学教师的地位和收入水平都比较高。高校教师在国外大多被视为高收入、高地位的职业，故高校教师的薪酬具有市场竞争力。

（2）高校薪酬管理模式和薪酬结构市场化。基于市场的薪酬模式立足于人才市场的供需平衡原理，具有较强的市场竞争力和外部公平性。在美国、英国、德国、日本等发达国家，政府废除了统一的高校教师薪酬管理机制，由各地方政府或高校自行决定教师薪酬。各高等学校在制定教师年度工资增长计划和中长期调整规划时，均会对国家与本地区的平均工资标准、同等学校教师的工资标准以及物价上涨情况等因素进行调研和考量，在此基础上，再根据每一名教师从事工作的时间长短、入职本校时间长短、承担教学和科研任务的年限等因素来确定薪酬标准及人员聘用机制。美国高校(不论公立高校还是私立高校)薪酬结构中直接收入包括学年工资(即基本工资)、津贴和补贴(因超额完成教研任务而获得的补贴性报酬)、科研基金资助(从科研经费或各种学术活动设置的基金中获得的收入，是一种补助性收入)。英国高校通过绩效工资改革后，实施绩效工资制，以职务等级决定其基本工资部分，以年功决定其工资稳定增长部分，以工资绩效决定其奖励部分。日本大学(无论国立、公立还是私立)体现出较强的人本化的人力资源管理理念，教师的地位和收入水平都较高。大学教师薪酬结构一般组成包括基本工资、奖金、补贴等。

(3) 高校薪酬结构界定简单、清晰。国外主要发达国家的高校薪酬结构基本包含基本工资(学年工资或月薪)和浮动工资(津贴和补贴等)。其中，基本工资的比例相对较大(占全部工资的55%～66%)。虽然，浮动工资占比较小，但能激励教师在教学、科研方面的积极性、主动性和创造性。总体而言，国外高校这种薪酬结构更加符合科学研究有风险的特点，一方面稳定的基本工资使高校教师更加积极地投入教学和科研工作；另一方面，适当的绩效工资能够激励高校教师在教学和科研方面做出自己的贡献。另外，高福利又体现出高校对教师的人文关怀。而我国高校教师工资结构由岗位工资、薪级工资、绩效工资和津(补)贴组成，且基本工资占比相对较小(约占总收入的30%)，稳定性和保障性作用较弱，这与高校教师的职业特点不相适应。

(4) 福利待遇多样化且项目清晰。在美国、英国、德国、日本等发达国家高校非常注重教师的待遇问题，作为薪酬的补充，美国、英国、德国、日本等发达国家高校的福利也是多样化和人性化。除教师本身的基本福利保障(如医疗、人寿、住房保障、退休金等)外，还为教师提供子女教育、配偶及未成年子女医疗及其他福利待遇。美国教师的福利多达29项，福利项目涵盖身体、心理、食品、交通出行、住房保障、子女教育等各个方面，并且所有福利项目一目了然，教师可以清楚地掌握并根据规定很好地享受自己的权益。德国高校教师终身享受公务员的薪酬待遇。除了享受终身医疗保险之外，国家还为其本人及配偶和未成年子女支付超过一半的医疗费用；每年享受全薪休假；国家发放针对教师的特殊补贴；退休后的养老金高达在职职工工资的75%；配偶和未成年子女享受遗属生活补贴等。日本高校甚至还为教师提供抚养补贴、地域补贴等。

3 高校科研人员薪酬及满意度现状调查

薪酬满意度是个体对其薪酬(涵盖薪酬的多个方面)所持有的积极或消极情感的态度水平。我们通过问卷调查等方法了解了高校科研人员对单位薪酬的总体满意度、单项薪酬满意度、对单位薪酬制度激励性的感受以及单项薪酬的激励性排序等。

3.1 高校科研人员薪酬现状及满意度问卷设计及调查

3.1.1 问卷设计

近 40 年来,国内外学者对薪酬满意度理论和实证进行了大量研究,薪酬满意度问卷也形成了较为成熟的量表。本书中的薪酬满意度问卷主要借鉴了较为成熟的 Heneman 和 Schwab(1985)的 PSQ 量表,并针对调查对象的性质进行了适当修改。问卷对薪酬的总体满意度(包括薪酬公平满意度、薪酬策略满意度、薪酬结构满意度、薪酬水平满意度和薪酬制度满意度等)、单项满意度(基本薪酬、绩效薪酬、津贴、福利等)进行了测量,并对单位薪酬制度激励性感受及单项薪酬激励性进行了排序。

问卷在设计上,除了包括薪酬现状及满意度调查外,还增加了创新能力调查,目的是了解高校科研人员的薪酬情况与创新能力的关系以及可能的创新激励要素。问卷包括了以下几部分:基本信息、薪酬信息、薪酬满意度和创新能力。

基本信息部分包括:性别、婚姻状况、年龄、所在城市、从事专业、所属高校性质和定位、教育水平、职称及评上现职称时间、科研与教学时间投入等。

薪酬信息主要包括:年收入情况、期望年收入、个人评定的薪酬水平、薪酬分配依据排序、个人认为的薪酬分配依据排序、单项薪酬排序、单位提供的福利和保险等和理想中薪酬占比排序。

薪酬满意度包括：工作总体满意度、薪酬总体满意度、薪酬制度满意度、薪酬公平满意度、薪酬水平满意度、薪酬结构满意度、薪酬增长满意度、薪酬策略满意度、各单项薪酬满意度和内在薪酬满意度等。

创新能力包括：科研人员特质、可能存在的科研创新活动障碍、科研创新的动机和科研创新成果（近三年主持科研项目总数、发表学术论文数量、申请专利数量）等。具体问卷见本书附录 A。

3.1.2　问卷发放及回收情况

本次问卷借助国内权威的问卷网站——问卷星制作，问卷的发放主要通过两种途径：一是利用微信等工具通过同事、朋友等转发；二是根据收集到的部分高校官网发布的教师邮箱，通过邮件发放。

本次共回收问卷 1 585 份，有效问卷 1 552 份。其中，通过微信等方式回收的有效问卷 487 份，邮件发送问卷 9 000 多份，回收有效问卷 1 065 份，邮件问卷回收率为 11.8%。

3.1.3　样本人口统计学分析

1. 性别

从表 3-1 可知，本次调研回收的 1 552 份有效问卷的样本组成中，男女比例约为 6∶4，男性所占比重大于女性。

2. 年龄

从年龄组成上来看，样本年龄来自 30 岁以下到 60 岁以上的全部年龄段，且主要集中在 30～50 岁，占 76.87%，50 岁以上占 20.43%，而 30 岁以下的科研人员占比为 2.70%，如表 3-1 所列。这和高校科研人员的受教育水平有一定关系，高校教师的普遍学位要求是博士研究生，这就导致青年教师的年龄都在近 30 岁或以上，问卷中样本的年龄组成符合现实情况。

3. 受教育情况

从受教育情况来看，在所调研的样本中，博士学位占了非常高的比重，为 85.05%（为了能更细致地了解样本的受教育情况，本次调研将博士学位分为博士和博士后两个不同的教育水平），而本科及以下学历较少，只有 3.29%，如表 3-1 所列。通过交叉比对年龄和受教育水平可以看到，本科及以下学历者共有 51 人，其中 33 人年龄都在 51 岁以上，如表 3-2 所列。

表 3-1　调查样本的人口统计学情况

人口统计学变量	类别	人数	百分比
性别	男	953	61.40%
	女	599	38.60%
年龄	30 岁及以下	42	2.70%
	31～40 岁	614	39.56%
	41～50 岁	579	37.31%
	51～60 岁	279	17.98%
	61 岁及以上	38	2.45%
受教育情况	本科及以下	51	3.29%
	硕士	181	11.66%
	博士	828	53.35%
	博士后	492	31.70%
职称	初级职称	27	1.74%
	中级职称	290	18.69%
	副高级职称	711	45.81%
	正高级职称	524	33.76%
专业	工学	643	41.43%
	经管	254	16.36%
	理学	280	18.04%
	农学	11	0.71%
	其他	17	1.10%
	人文社科	307	19.78%
	医学	40	2.58%
从事工作类型	教学科研并重	634	53.77%
	以教学为主，同时从事少量科研工作	123	10.43%
	以科研为主，同时从事少量教学工作	356	30.20%
	专职教学	22	1.87%
	专职科研	44	3.73%

表 3-2 年龄与受教育情况

教育水平	年龄					总计
	30 岁及以下	31～40 岁	41～50 岁	51～60 岁	61 岁及以上	
本科及以下	0	4	5	33	9	51
硕士	16	58	55	45	7	181
博士	20	321	335	136	16	828
博士后	6	231	184	65	6	492
总计	42	614	579	279	38	1 552

4. 职称结构

从职称结构来看，样本职称包括了从初级到正高级四个段。本次调研的样本，副高级及以上职称占比较大，副高级职称占比 45.81%，正高级职称占比 33.76%，如表 3-1 所列。

从年龄和职称的交叉关系来看，初级职称主要集中在 30 岁以下和 31～40 岁年龄段，中级职称主要集中在 31～40 岁年龄段，副高级职称主要集中在 31～40 岁和 40～50 岁两个年龄段，正高级职称主要集中在 41～50 岁和 51～60 岁两个年龄段，并且在 61 岁及以上年龄段，正高级职称占了绝大多数，如表 3-3 所列。

表 3-3 年龄与职称结构

职称	年龄					总计
	30 岁以下	31～40 岁	41～50 岁	51～60 岁	61 岁及以上	
初级	15	11	1	0	0	27
中级	24	210	46	9	1	290
副高级	2	312	308	85	4	711
正高级	1	81	224	185	33	524
总计	42	614	579	279	38	1 552

5. 专业分布

从专业分布情况来看，本次调研对象中，工学占了较大比例，为 41.43%，人文社科(不包括经管)占 19.78%、理学占 18.04%、经管占 16.37%，医学和农学占比较少，分别为 2.58%和 0.71%，如表 3-1 所列。

6. 从事工作类型

由从事工作类型来看，共有 1 179 个问卷填写了该选项，其中一半以上高校教师填写的是“教学科研并重”，占 53.77%，其次是“以科研为主，同时从事少量教学工作”，占 30.20%，“以教学为主，同时从事少量科研工作”占 10.43%，“专职教学”和“专职科研”的比例较低，分别为 1.87％和 3.73％，如表 3-1 所列。

3.1.4 高校科研人员时间投入分布情况

1. 科研时间投入分布

从教师科研时间投入来看(图 3-1)，占比最高的是 5～8 小时(不含上限 8 小时，余同)，占 30.94％，其次是 2～5 小时，占 26.36％，再次是 8～11 小时，占 20.03％。超过 10 小时(11～15 小时、15 小时以上)占 11.82％。

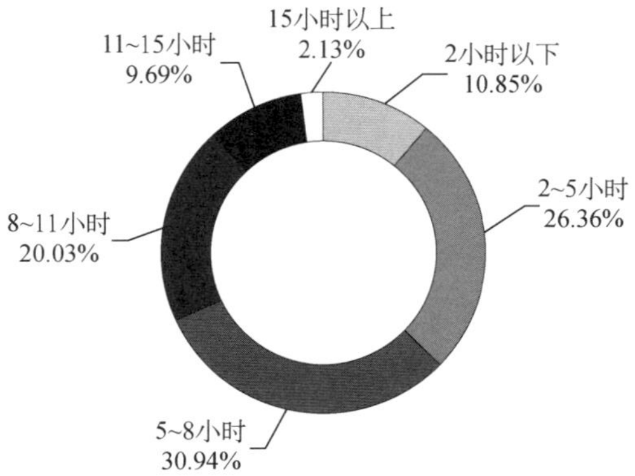

图 3-1 高校科研人员科研时间投入分布

(每个时间段均不含上限值，如 2～5 小时不含 5 小时)

2. 教学及教学准备时间投入分布

从自我评估的平均每天教学及教学准备时间来看(图 3-2)，多集中在“2～5 小时”，占 54.18％，其次是“2 小时以下”，占 27.95％，“5～8 小时”，占 15.05％，其余占比都较小。从调查情况可知科研时间的投入大于教学及教学准备时间的投入。

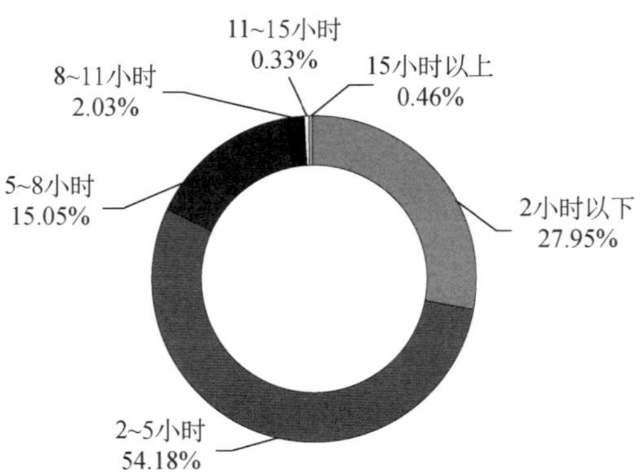

图 3-2 高校科研人员教学及教学准备时间投入分布

(每个时间段均不含上限值，如 2～5 小时不含 5 小时)

从上述调查结果可以看出，高校科研人员每天科研时间投入在 8 小时以上占了 31.85%，5 小时以上占了 62.79%；而每天教学及教学准备的时间投入在 5 小时以上仅占 17.41%，2～5 小时占了 54.18%。由此可以推测，大部分高校科研人员投入科研与教学的时间在 8 小时及以上。

3. 不同职称科研教学时间投入情况

进一步细分，从不同职称的科研时间投入来看(图 3-3)，不同职称的科研时间投入存在一定区别，初级职称接近一半(44.44%)在“2～5 小时”；中级职称科研较多集中在“2～5 小时”(32.04%)和“5～8 小时”(24.30%)，再次是“2 小时以下”(20.77%)；副高级职称集中在“5～8 小时”(31.9%)、“2～5 小时”(27.23%)、“8～11 小时”(19.54%)；高级职称集中在“5～8 小时”(34.23%)、“8～11 小时”(24.28%)、“2～5 小时”(19.5%)。可见，职称越高，科研时间投入也越多，进一步进行相关分析，得到科研时间投入与职称之间的相关系数为 0.23($p<0.05$)。在不同职称的教学及教学准备时间投入分布中(图 3-4)，主要集中在“2～5 小时”和“2 小时以下”，但集

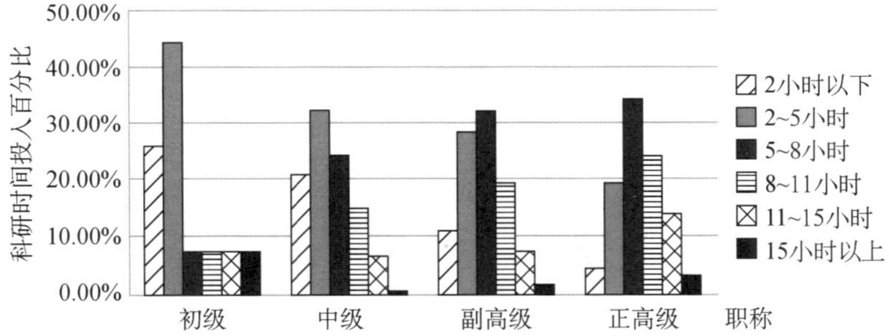

图 3-3　不同职称科研时间投入分布

(每个时间段均不含上限值，如 2～5 小时不含 5 小时)

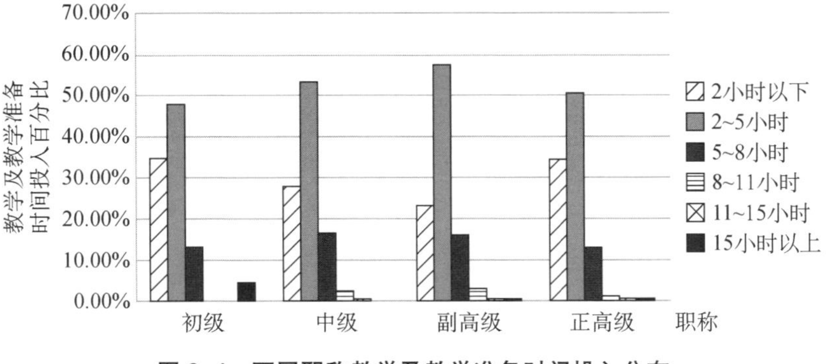

图 3-4　不同职称教学及教学准备时间投入分布

(每个时间段均不含上限值，如 2～5 小时不含 5 小时)

中程度有所不同。相对而言，初级职称和正高级职称的教学及教学准备投入时间在“2小时以下”的集中度更高，初级职称在15小时以上的集中度也高于其他职称。

4. 不同专业科研教学时间投入情况

再进一步分析，不同专业科研时间投入也存在区别(图3-5)。工学专业较多集中在“5～8小时”(36.69%)和“8～11小时”(26.3%)；经管专业较多集中在“2～5小时”(42.46%)和“2小时以下”(29.37%)；理学专业集中在“8～11小时”(28.57%)和“5～8小时”(28.21%)；农学专业科研集中在“5～8小时”(72.73%)；人文社科专业集中在“2～5小时”(36.63%)和“5～8小时”(30.69%)；医学专业集中在“5～8小时”(27.5%)和“8～11小时”(27.5%)。相对来说，理工医学专业则更多些。

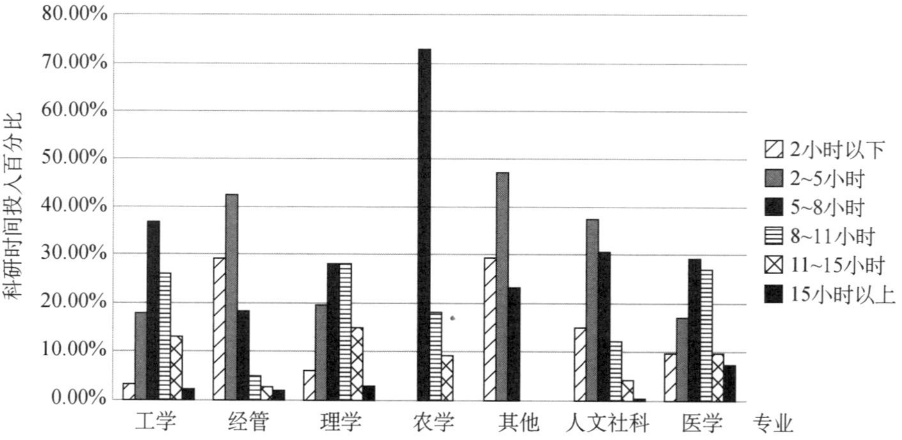

图3-5 不同专业的教师其科研时间投入分布

(每个时间段均不含上限值，如2～5小时不含5小时)

对于不同专业教学及教学准备时间的投入方面(图3-6)，所有专业都集中在“2～5小时”，除经管专业外，其他专业在“2小时以下”的时间投入比例明显高于“5～8小时”的，而经管专业在“5～8小时”的集中度略高于“2小时以下”。由此可以推测，相较于其他专业，经管专业在教学及教学准备上的时间投入要多。

5. 高校定位不同与科研教学时间投入情况

越偏重于研究型的高校，科研人员科研时间投入得越多(图3-7)。研究型和研究教学型高校的教师其教学及教学准备时间的投入更集中于5小时及以下，教学型及教学研究型高校的教师其教学及教学准备时间的投入更集中于8

小时及以下，特别是教学型高校，在“8～11 小时”段的集中度更高(图 3-8)。这说明，越偏重教学型的高校，教师教学时间的投入相对更多；越偏重于研究型的高校，教师科研时间的投入更多。

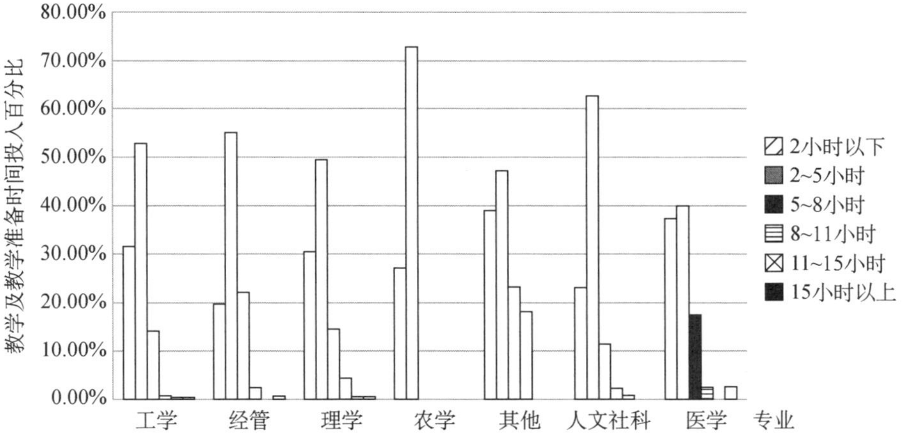

图 3-6 不同专业的教师其教学及教学准备时间投入分布

(每个时间段均不含上限值，如 2～5 小时不含 5 小时)

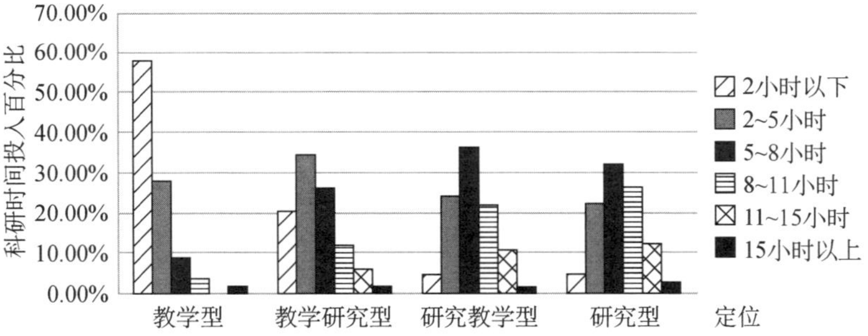

图 3-7 不同定位的高校其教师科研时间投入分布

(每个时间段均不含上限值，如 2～5 小时不含 5 小时)

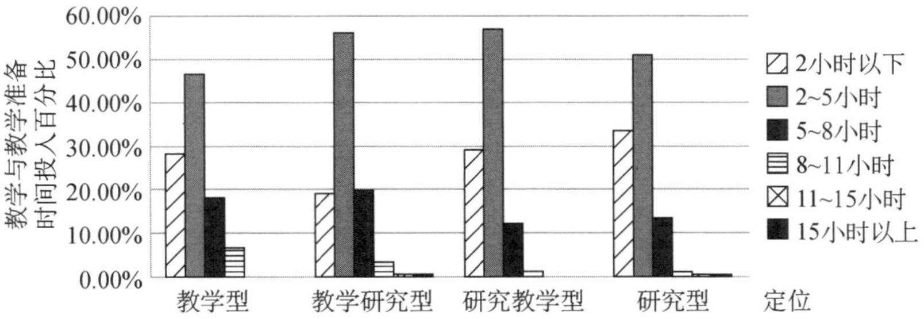

图 3-8 不同定位的高校其教师教学与教学准备时间投入分布

(每个时间段均不含上限值，如 2～5 小时不含 5 小时)

3.2 薪酬现状

3.2.1 年收入情况

1. 年收入整体情况

为了尽可能更多地了解高校科研人员的薪酬情况，问卷对薪酬现状的调查设置了是否为年薪制这一选项，问卷结果中选择年薪制的有 364 份，选择非年薪制的有 1 188 份，整体年收入情况如图 3-9 所示。此问卷的年收入均为税前薪酬。

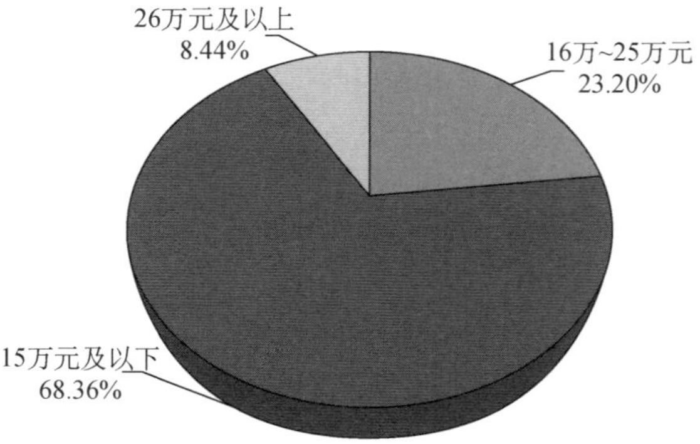

图 3-9 整体年收入情况

2. 实行年薪制高校科研人员年收入情况

年薪制薪酬的现状如图 3-10 所示，样本中年收入集中在 16 万～25 万元的

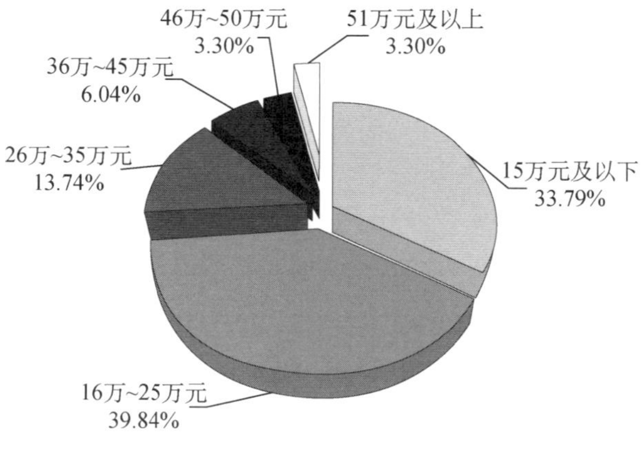

图 3-10 年收入现状(年薪制)

占39.84%,其次是15万元及以下,占33.79%,二者共占73.63%,年收入在35万元及以下的占87.37%。

3. 非年薪制高校科研人员年收入情况

非年薪制薪酬的现状如图3-11所示。在非年薪制样本中,年收入主要集中在11万～15万元,占46.21%,其次是10万元以下,占32.74%,二者共占78.95%,年收入在20万元及以下的占92.67%。

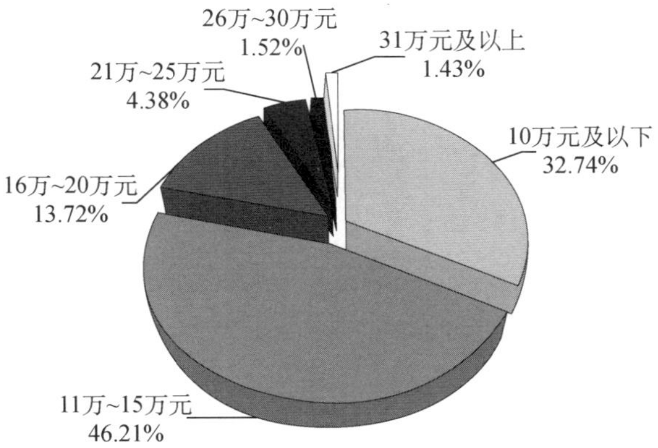

图3-11 年收入现状(非年薪制)

4. 货币性薪酬排序

高校科研人员货币性薪酬来源分布如图3-12所示,其中基本工资比重最高(44.65%),其次是绩效工资(35.37%),其余依次为津补贴(11.86%)、科研奖励(4.31%)、课时费(2.26%)、其他(1.55%)。由此可知,高校科研人员的收入主要是基本工资和绩效工资。

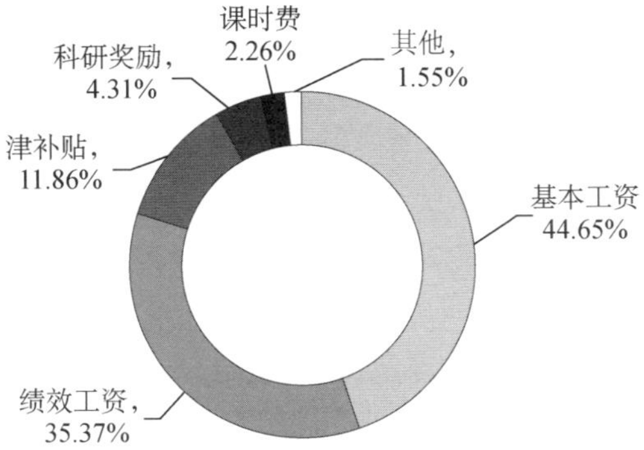

图3-12 货币性薪酬主要来源分布

5. 不同年龄段年收入情况

按年龄段来分析高校科研人员的年收入情况(图 3-13、图 3-14),年龄越大,年收入在高额部分的集中度就越高,即年龄越大,总体年收入越高。

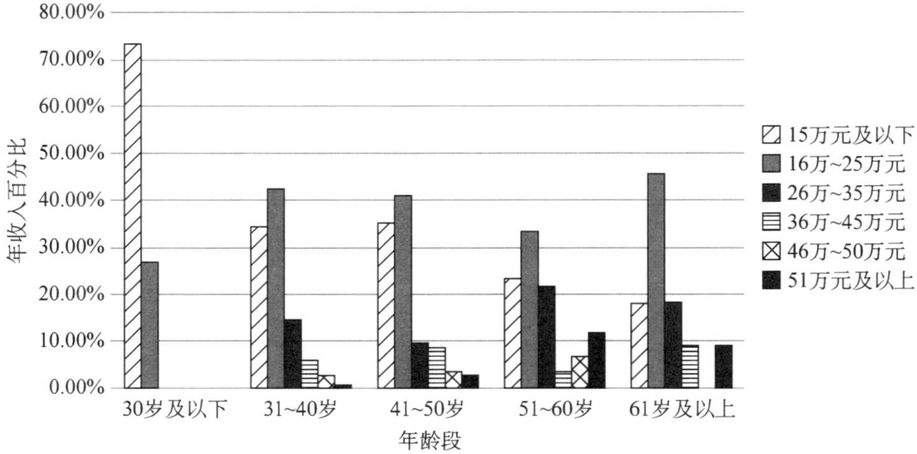

图 3-13　不同年龄段高校科研人员的年收入分布(年薪制)

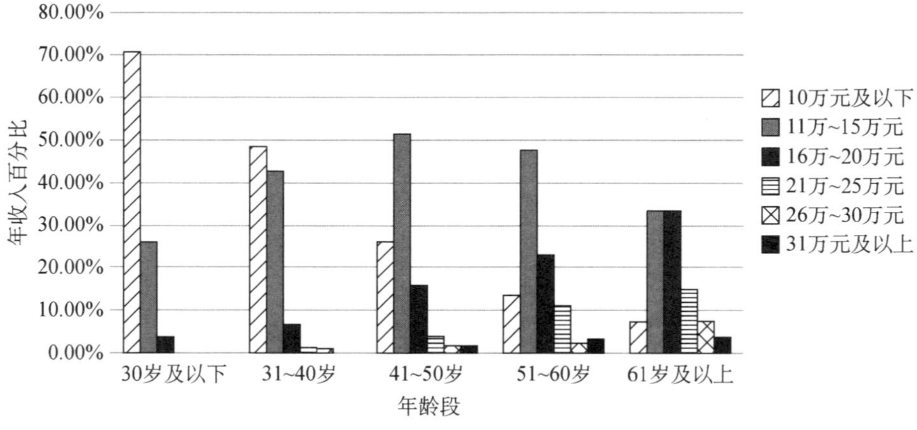

图 3-14　不同年龄段高校科研人员的年收入分布(非年薪制)

6. 不同类型高校科研人员的年收入情况

进一步分析不同类型高校的科研人员的年收入情况,对于年薪制下不同类型高校的科研人员的年收入情况如图 3-15 所示。非年薪制下不同类型高校的科研人员的年收入情况如图 3-16 所示。

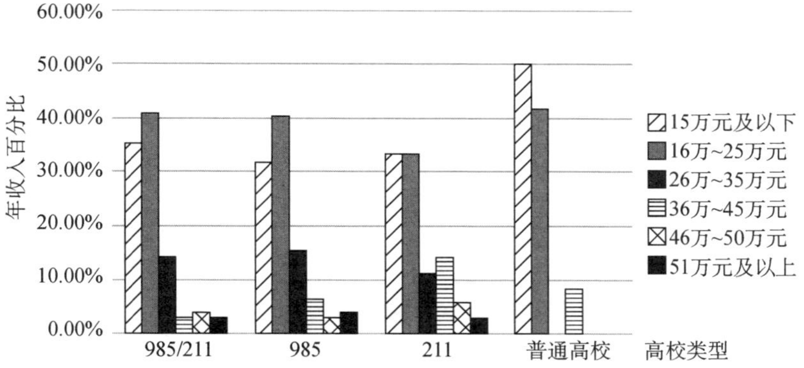

图 3-15　不同类型高校的科研人员的年收入(年薪制)

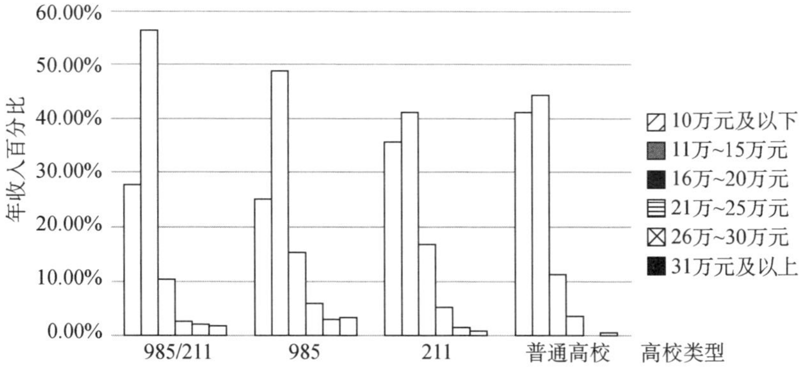

图 3-16　不同类型高校的科研人员的年收入(非年薪制)

可以看出,年薪制中 985 和 211 高校的科研人员的年收入在 25 万元以上的集中度相对更高;在非年薪制中,985 和 211 高校的科研人员的年收入在 20 万元以上的集中度相对更高。另外,985 和 211 高校比普通高校的科研人员的年收入在 20 万元以上的比例相对更高一些。

7. 福利情况

调查中发现,高校科研人员享受到不同程度的福利(图 3-17),其中五险一金的覆盖率较高,达到 96.52%,其次是交通补贴,覆盖率为 51.80%。其他各项福利覆盖率分别为:住房福利 29.77%、过节费 15.01%、业务培训 11.28%、意外保险 10.05%、免费餐饮 7.60%、健身福利 6.77%、粮油补助 5.99%和其他 3.41%。

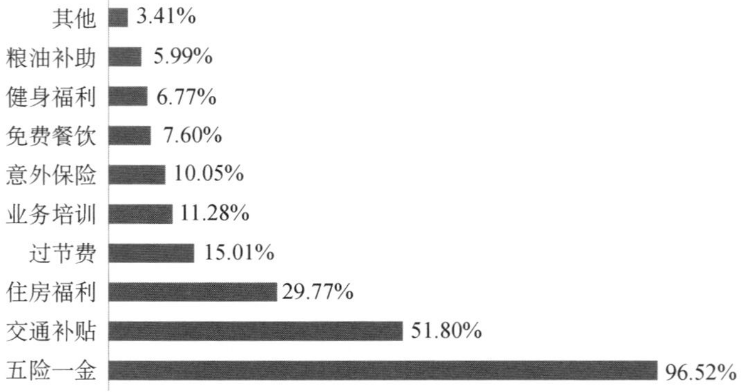

图 3-17　福利覆盖情况

3.2.2　对年收入的期望与感知情况

1. 期望年收入

为了调查高校科研人员对薪酬的预期，问卷设置了如下问题：根据您现在的职称和教学科研成就，您期望的校内年收入是多少？调查结果如图 3-18 所示。从期望年收入的问卷调查结果来看，排名第一位的期望年收入是 21 万～30 万元，占 41.50%；其次是 31 万～40 万元，占 24.42%。

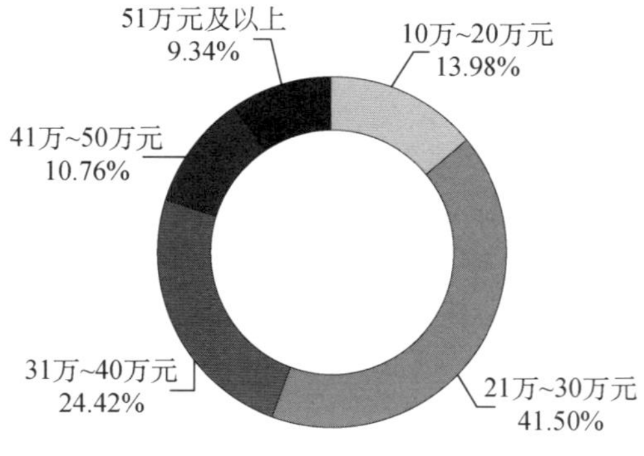

图 3-18　期望年收入

2. 理想收入偏好

为了了解高校科研人员对理想收入的偏好，问卷设置了如下问题：您的理想收入中薪酬占比依次排序是什么？调查结果如图 3-19 所示。在理想收入主要来源中，69.14%的被调查者选择基本薪酬作为比重最高的收入，24.61%的人选择绩效薪酬作为主要理想收入来源。

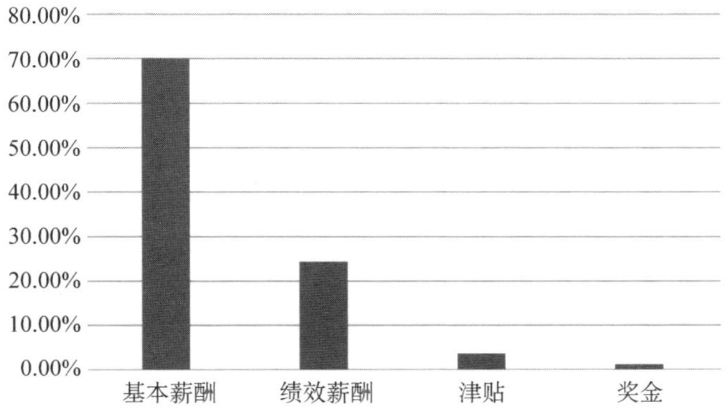

图 3-19 理想收入主要来源

3. 薪酬水平感知

为了进一步了解高校科研人员对自身薪酬的感受，进行了“您认为您的薪酬处于所在地区的什么水平”的调查，数据分析结果如图 3-20 所示，仅有 0.39%的高校科研人员认为自己的薪酬水平处于当地的上层水平，6.77%的高校科研人员认为自己的薪酬水平处于当地的中上层水平，63.85%的高校科研人员认为自己的薪酬处于当地的中下层及下层水平。由此可见，结合上面的年收入分析，高校科研人员群体中高收入所占的比例较小，半数以上人员对自身薪酬的定位是社会中下层，这与高校科研人员的实际价值不符。

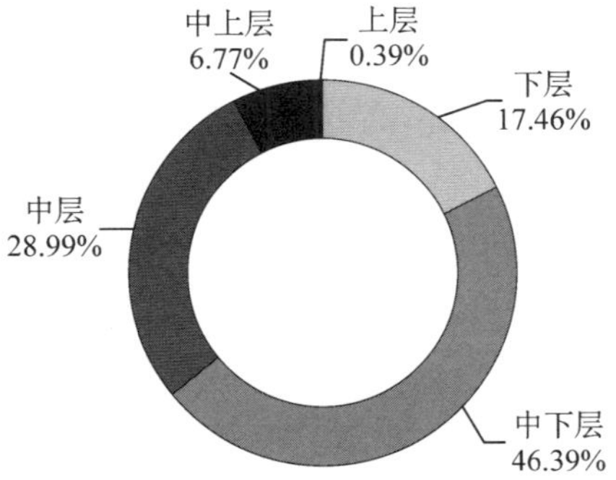

图 3-20 薪酬水平感知

4. 薪酬分配依据及期望比较

为了进一步了解高校科研人员薪酬分配的依据，问卷设计了让科研人员对薪酬分配依据进行排序的题目，数据分析结果如图 3-21 所示。对于薪酬分配依据中排第一位的分配依据，选择最多的是“聘任岗位”，其余依次是“职称职务等级”“科研工作量”“教学工作量”和“其他”。从图 3-21 中也可以看出，“聘任岗位”和“职务职称等级”在第一位的占比较大，说明大部分高校的科研工作者对于薪酬分配依据的主要选项是“聘任岗位”和“职称职务等级”，这和“职称与年收入关系”分析的结果基本一致。而“科研工作量”被排在第三位的占比较大，可见大部分高校科研人员认为“科研工作量”是薪酬分配的次要依据。

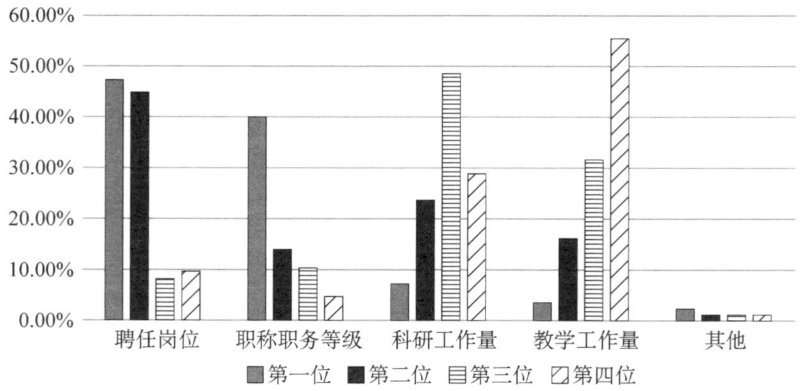

图 3-21　薪酬分配依据情况

在“您认为薪酬应该采用的分配依据”（即期望采用薪酬分配依据）结果分析中（图 3-22），期望薪酬第一位的分配依据中，各薪酬的比重顺序没有变化，但各柱条之间的高低差减小了，特别是“科研工作量”和“教学工作量”的比重增加了，从图 3-23、图 3-24 能更清楚地看到占比情况。

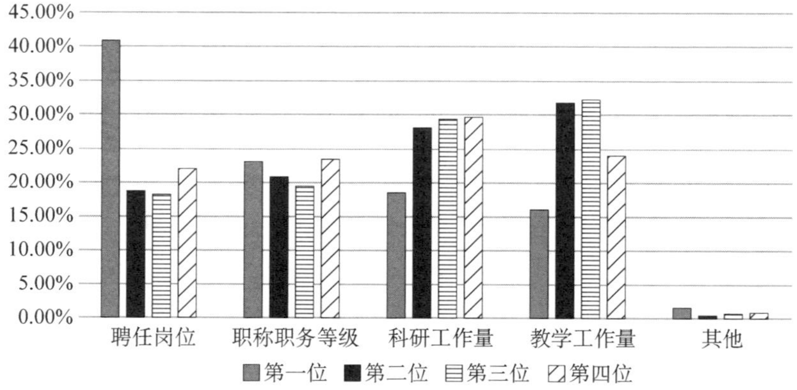

图 3-22　期望薪酬采用的分配依据情况

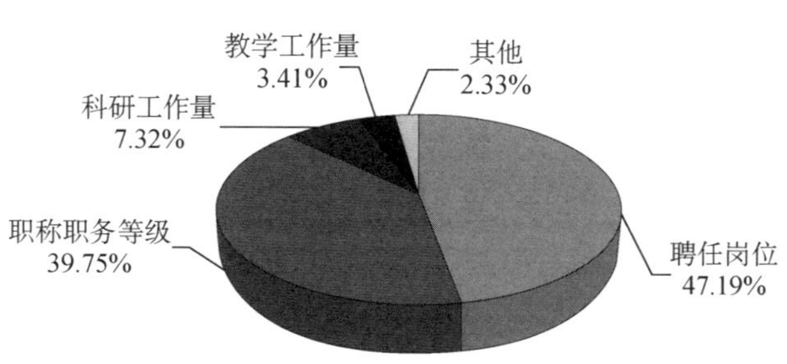

图 3-23　现有薪酬分配的主要依据分布

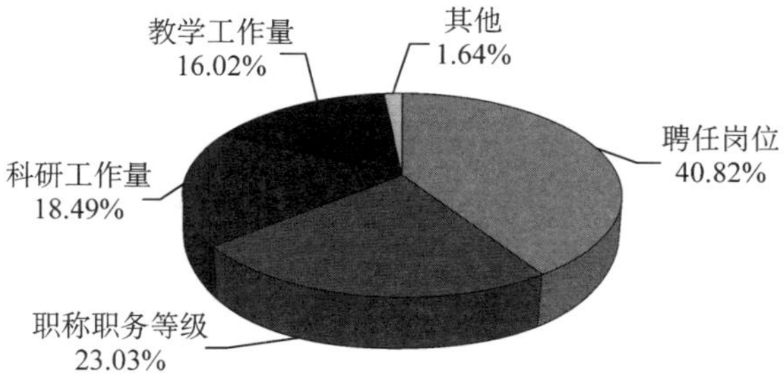

图 3-24 期望薪酬采取的主要分配依据分布

3.2.3 薪酬相关性分析

1. 受教育情况与年收入

对受教育情况和年收入之间的关系进行分析，如图 3-25 和图 3-26 所示。在年薪制中，硕士和本科学历的科研人员的年薪多处于 15 万元及以下，其次是 16 万～25 万元，拥有博士学位的科研人员的年薪多处于 16 万～25 万元，其次是 15 万元及以下。在非年薪制中，拥有硕士学位的科研人员的收入较多处于 10 万元及以下，其次是 11 万～15 万元，而拥有本科或博士学位的科研人员的年收入较多处于 11 万～15 万元，其次是 10 万元及以下。

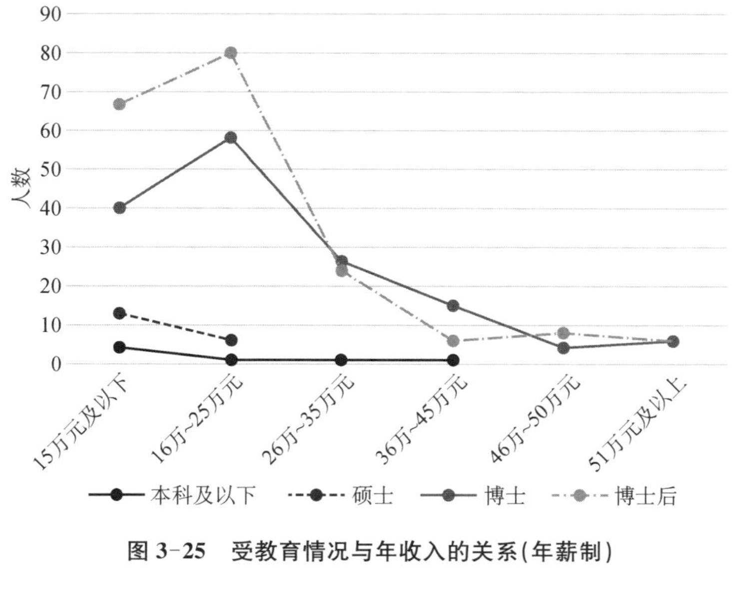

图 3-25 受教育情况与年收入的关系(年薪制)

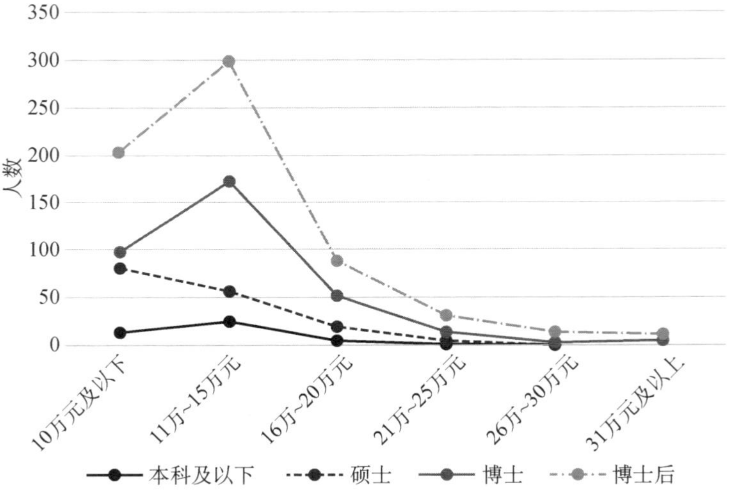

图 3-26　受教育情况与年收入(非年薪制)

进一步用 SPSS 软件将“受教育情况”和“年收入”进行相关分析。在年薪制中,受教育情况和年收入的相关系数为 0.198($p<0.01$);在非年薪制中,受教育情况和年收入的相关系数为 0.088($p<0.01$),说明受教育情况和科研人员的年收入之间的线性相关程度非常低。

2. 职称与年收入

对职称与年收入的关系进行分析,如图 3-27、图 3-28 所示。在年薪制中,

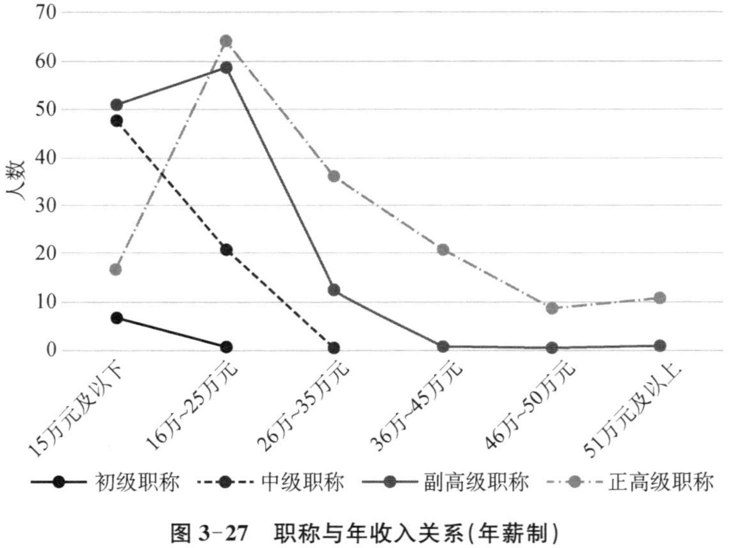

图 3-27　职称与年收入关系(年薪制)

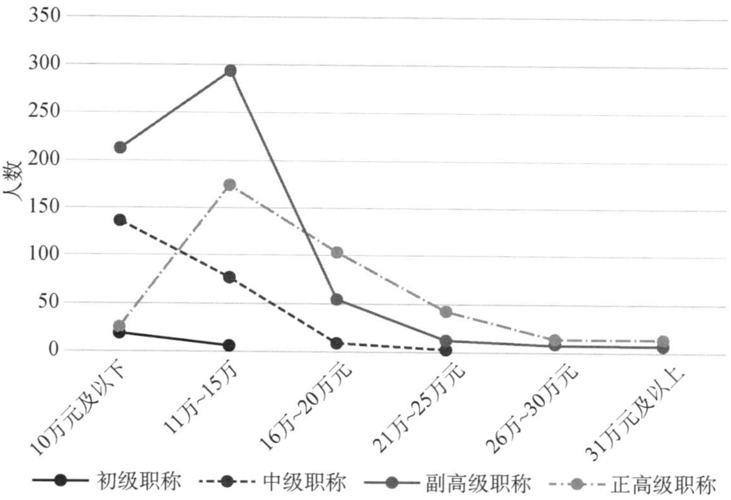

图 3-28 职称与年收入关系(非年薪制)

中级或初级职称的科研人员的年薪多处于 15 万元及以下，其次是 16 万～25 万元。副高级职称的科研人员的年薪多处于 16 万～25 万元，其次是 15 万元及以下。正高级职称的科研人员的年薪多处于 16 万～25 万元，其次是 26 万～35 万元。在非年薪制中，初级或中级职称的科研人员的年收入多处于 10 万元及以下，其次是 11 万～15 万元，副高级职称的科研人员的年收入较多处于 11 万～15 万元，其次是 10 万元及以下。正高级职称的科研人员的年收入较多处于 11 万～15 万元，其次是 16 万～20 万元。

进一步用 SPSS 软件将“职称”和“年收入”进行相关分析。在年薪制中，职称和年薪的相关系数为 0.547($p<0.01$)；在非年薪制中，职称和年收入的相关系数为 0.501($p<0.01$)，即职称和科研人员的年收入之间显著相关，并且相关程度较强。这说明，职称与高校科研人员的年收入存在较大关系，职称间收入差距较大。

3. 年龄与年收入

对年龄与年收入的关系进行分析，如图 3-29 和图 3-30 所示。在年薪制中，30 岁及以下年龄段的科研人员的年薪多处于 15 万元及以下，其次是 16 万～25 万元。31～50 岁年龄段的科研人员的年薪多处于 16 万～25 万元，其次是 15 万元及以下。51～60 岁的科研人员的年薪多处于 16 万～25 万元，而处于 26 万～35 万元和 15 万元及以下这两个区间的人数基本相同。在非年薪制中，40 岁及以下年龄段的科研人员的年收入多处于 10 万元及以下，其次是 11 万～15 万元，41～

50 岁年龄段的科研人员的收入多处于 11 万～15 万元，其次是 10 万元及以下。51～60 岁的科研人员的年收入多处于 11 万～15 万元，其次是 16 万～20 万元。

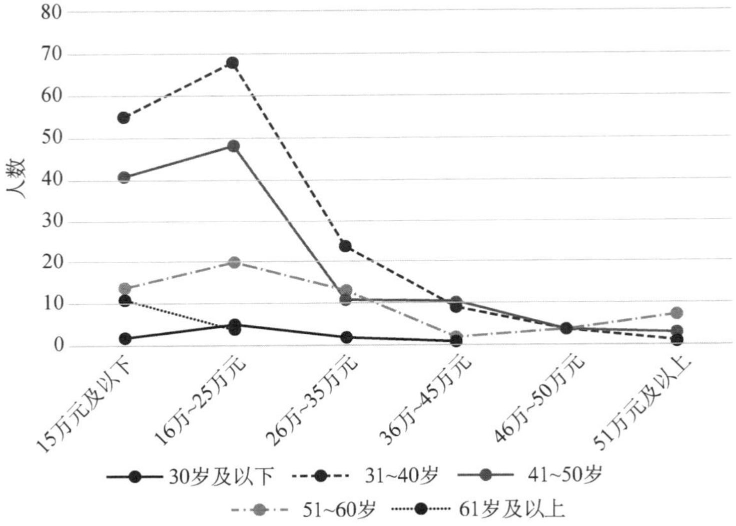

图 3-29 年龄分布与年收入关系(年薪制)

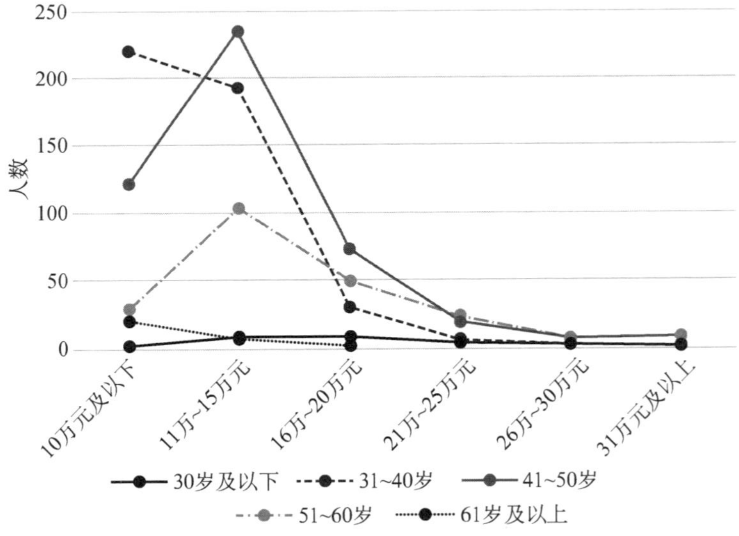

图 3-30 年龄分布与年收入关系(非年薪制)

进一步用 SPSS 软件将“年龄”和“年收入”进行相关分析。在年薪制中，年龄和年薪的相关系数为 0.184($p<0.01$)；在非年薪制中，年龄和年收入的相关系

数为 0.377($p<0.01$),二者都显著相关,但年薪制中的相关系数比非年薪制的低。

4. 期望年收入相关性分析

借助 SPSS 软件,将"期望年收入(细分年薪制和非年薪制)"与"性别、年龄、婚姻状况、最高学历、职称、高校定位、每天科研和教学时间投入"等人口统计学变量及高校性质进行相关分析,具体情况如表 3-4 所列。

表 3-4 年龄与受教育情况

期望薪酬	性别	婚姻状况	年龄	教育背景	职称	高校定位	科研投入时间	教学投入时间
整体	−0.25**	0.61*	0.274**	0.207**	0.528**	−0.22**	0.312**	−0.022
年薪制	−0.30**	0.12*	0.241**	0.203**	0.575**	−0.09	0.233**	0.134**
非年薪制	−0.21**	0.076**	0.32**	0.173**	0.518**	−0.22**	0.295**	−0.038

注:* 表示 $p<0.05$;** 表示 $p<0.01$。

从表 3-4 可以发现,高校科研人员的期望年收入与性别和高校定位成负相关,说明不论是否年薪制或在不细分是否年薪制的情况下,男性高校科研人员的期望薪酬较女性科研人员更高;高校越是偏向教学型,其科研人员的期望薪酬越低,高校越偏向科研型,其科研人员的期望薪酬越高。说明当高校定位偏向科研型时,科研人员更希望其薪酬与科研情况挂钩,使其投入与所得正相关。同时,从表 3-4 亦可发现,高校科研人员的期望年收入与婚姻状况、年龄、职称、教育背景和科研投入时间成正相关关系,说明相对于未婚高校科研人员而言,已婚高校科研人员的期望薪酬更高。随着科研人员年龄的增长、教育背景和职称由低到高的上升及科研投入时间的增加,高校科研人员的期望年收入也相应提高。另一方面,相较于非年薪制而言,年薪制下高校科研人员的期望年收入与其教学投入时间成正比,这说明年薪制下的高校科研人员除了期望科研投入时间被认可外,还期望其用于教学的时间和精力也能被认可,而这与年薪制的薪酬结构及具体要求是否存在一定关系有待进一步的验证,由于问卷调查收集数据的有限性,故本问题我们期望通过访谈得到相应的答案。

5. 高校科研人员年收入与报考 MBA 的学生的年收入对比

为了更直观地了解高校科研人员的年收入状况,将高校科研人员的年收入与报考某高校 MBA 的学生的年收入进行了对比。表 3-5 是 2015—2017 年报考某高校 MBA 的学生的年薪情况分布,可以看出,三年中报考 MBA 的学生的年薪分布相对较稳定，能够比较真实地反映报考 MBA 的学生的年收入。因此，我们选择 2017 年报考 MBA 的学生的情况进行详细说明。

表 3-5　2015—2017 年报考某高校 MBA 的学生年薪情况

年份	年薪/万元					
	＜10	10～20	21～30	31～40	41～50	＞50
2015	4.29%	37.16%	31.95%	14.85%	7.00%	4.75%
2016	4.33%	37.23%	31.98%	14.77%	6.96%	4.73%
2017	4.92%	28.78%	31.69%	18.33%	8.74%	7.53%

2017 年报考某高校 MBA 的学生的学历情况如图 3-31 所示。由该图可知，大部分学生的学历主要集中在本科(83.02%)，硕士及以上学位占比非常低，对比表 3-1，高校科研人员的学位主要是博士(85.05%)。

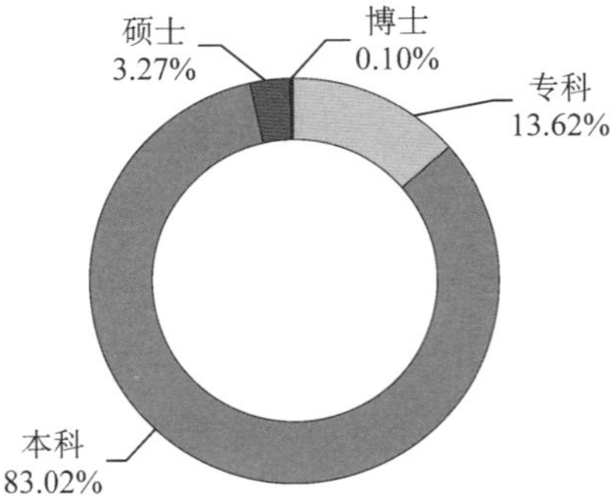

图 3-31　2017 年报考某高校 MBA 的学生的学历情况

2017 年报考某高校 MBA 的学生的年龄情况如图 3-32 所示。由该图可知，报考 MBA 的学生的年龄主要集中在 31～40 岁(62.16%)，对比表 3-1，高校科研人员的年龄在 31～40 岁占 39.56%，年龄在 41～50 岁占 37.31%。对比可知，报考 MBA 的学生的年龄结构相对我们调研的科研人员样本的年龄结构更加年轻化。

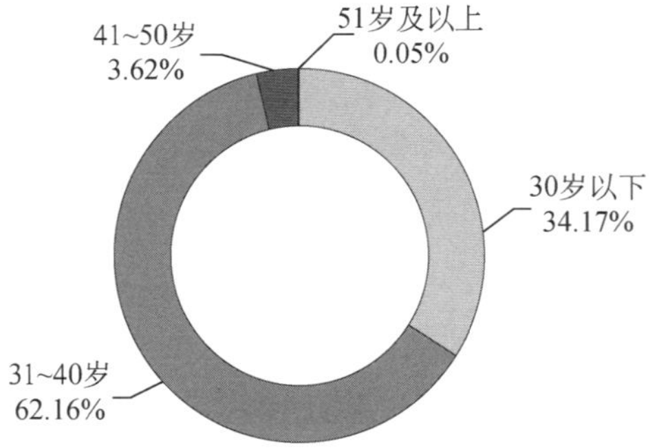

图 3-32　2017 报考某高校 MBA 的学生的年龄情况

对比 2017 年报考某高校 MBA 的学生的年收入情况(图 3-33)，报考

MBA 的学生的年收入在 20 万元以下占 33.7%，而非年薪制中高校科研人员的年收入在 20 万元及以下的占 92.67%，年薪制中，年收入在 25 万元及以下的占 73.63%。对比可知，非年薪制下高校科研人员的年收入与报考 MBA 的学生的收入之间差距非常大，而年薪制下高校科研人员的年收入与报考 MBA 的学生的年收入也存在一定差距。

结合上述年龄、学历、年收入的对比可以发现，高校科研人员相对于报考 MBA 的学生而言，其具有学历高、年龄大和收入低的特点。

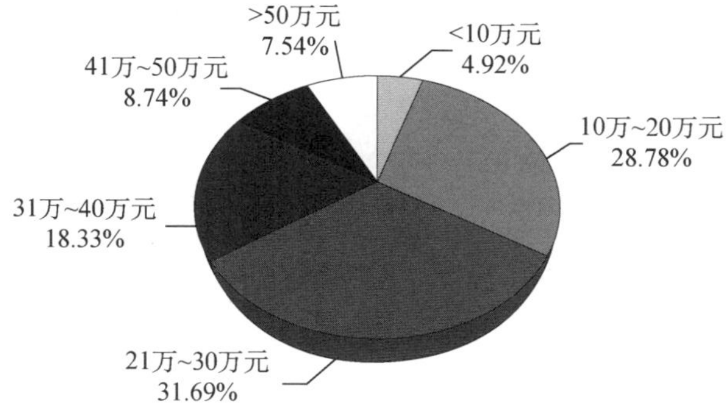

图 3-33　2017 年报考某高校 MBA 的学生的年收入情况

3.3　薪酬满意度分析

3.3.1　薪酬满意度整体数据分析

借助 SPSS 软件，将"高校属性(985 高校、211 高校和普通高校)、高校定位、职称、科研投入时间、教学投入时间、年薪制下的校内年收入(表内用"年薪"代替)、非年薪制下的校内年收入(表内用"年收入"代替)、工作满意度、薪酬制度总体评价、收入差距合理性、薪酬激励性、薪酬取决于绩效、岗位绩效评价科学性、报酬与职称挂钩、薪酬制度的公平性、努力得到回报、基本薪酬满意度和绩效薪酬满意度"等高校性质、高校科研人员职称、科研与教学的时间投入及问卷中涉及的薪酬满意度相关情况等进行相关分析，结果如表 3-6 所列。

为了进一步了解年薪制和非年薪制下高校科研人员的薪酬满意度是否有差别，将是否年薪制与各满意度之间进行相关性分析，结果如表 3-7 所列，得出是否年薪制与各满意度之间均显著相关的结论。

表 3-6　薪酬满意度整体数据分析

	985高校	211高校	普通高校	学校定位	职称	科研投入时间	教学投入时间	年薪	年收入
工作满意度	0.07**	−0.05*	−0.06*	−0.08**	0.09**	−0.05*	−0.03	0.11**	0.001
薪酬制度总体评价	−0.021	0.004	0.028	−0.006	0.08**	−0.09**	−0.043	0.15**	−0.03
收入差距合理性	−0.008	−0.024	0.014	−0.014	0.029	−0.08**	−0.04	0.12**	−0.03
薪酬激励性	0.003	−0.035	0.016	−0.048	0.022	−0.08**	−0.045	0.1**	−0.02
薪酬取决于绩效	0.06*	0.024	−0.03	−0.06*	0.037	−0.048	−0.037	0.1**	−0.03
岗位绩效评价科学性	0.06*	−0.002	−0.06*	−0.09**	0.034	−0.026	−0.08**	0.13**	−0.04
报酬与职称挂钩	−0.07*	0.028	0.034	0.013	−0.13**	−0.08**	−0.014	−0.004	0.019
薪酬制度公平性	0.037	−0.009	−0.048	−0.06*	0.048	−0.034	−0.046	0.13**	−0.03
努力得到回报	0.038	0.015	−0.039	−0.06*	0.07**	−0.029	−0.06*	0.14**	−0.01
基本工资满意度	−0.08**	0.014	0.07**	0.09**	0.04	−0.12**	−0.12	0.11**	−0.05*
绩效工资满意度	0.04	0.03	−0.04	−0.06*	0.07**	−0.06*	−0.05	0.16**	−0.04

注：* 表示 $p<0.05$；** 表示 $p<0.01$。

表 3-7　是否年薪制与各满意度之间的相关性

	工作的总体满意度	薪酬制度的总体评价	科研人员间的收入差距是否合理	薪酬制度对科研人员的强激励性	目前的收入状况满意度	薪酬结构的合理性	薪酬绩效水平联系	努力能否带来收入回报	岗位绩效评价的方法	单位的薪酬制度公平度
是否年薪制	0.084**	0.117**	0.089**	0.075**	0.150**	0.098**	0.087**	0.120**	0.105**	0.102**

注：* 表示 $p<0.05$；** 表示 $p<0.01$。

3.3.2 薪酬总体满意度分析

在调查高校科研人员薪酬满意度时，首先调查高校科研人员的工作总体满意度，结果如图 3-34 所示。其中，48.13%的高校科研人员对工作总体满意度一般，有 21.46%的高校科研人员对工作表示不满意，有 9.02%的高校科研人员对工作很不满意，而对工作满意和很满意的高校科研人员分别占 20.62%和 0.77%。

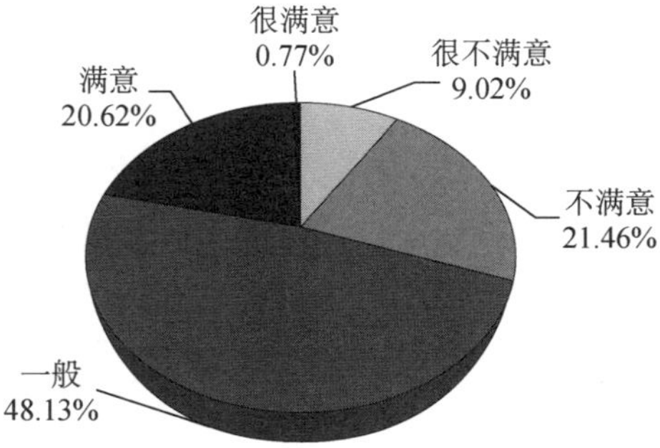

图 3-34 高校科研人员工作总体满意度情况

进一步细分年薪制和非年薪制下高校科研人员工作总体满意度可发现，较非年薪制下的高校科研人员而言，年薪制下科研人员对其工作满意度更高，具体情况如图 3-35 所示。

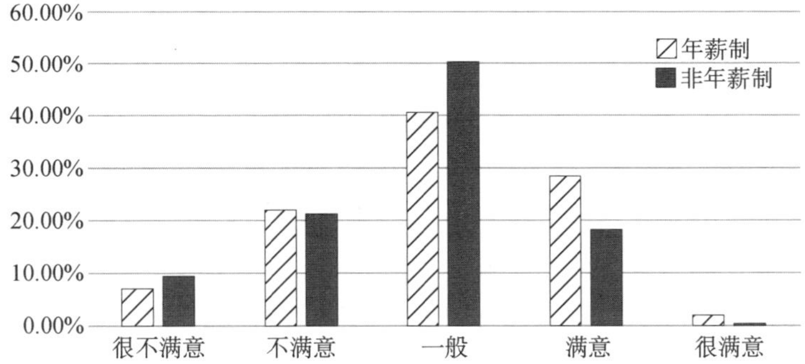

图 3-35 年薪制与非年薪制高校科研人员工作总体满意度对比

在高校科研人员对单位薪酬制度总体评价的调查结果中（图 3-36），42.78%的高校科研人员对薪酬制度的总体评价为“一般”，而有 30.35%和 13.34%的科研人员的评价为“不合理”和“很不合理”，13.37%的科研人员认为薪酬制度基本合理，持完全肯定态度的只有 0.26%。这表明当前高校科研人员对薪酬制度的评价偏中立和负面，正面评价较少。这也同时反映出现有高校薪酬制度还有很大的完善空间。同时，相对于非年薪制的高校科研人员而言，年薪制下科研人员对薪酬制度的总体评价较为积极，具体如图 3-37所示。

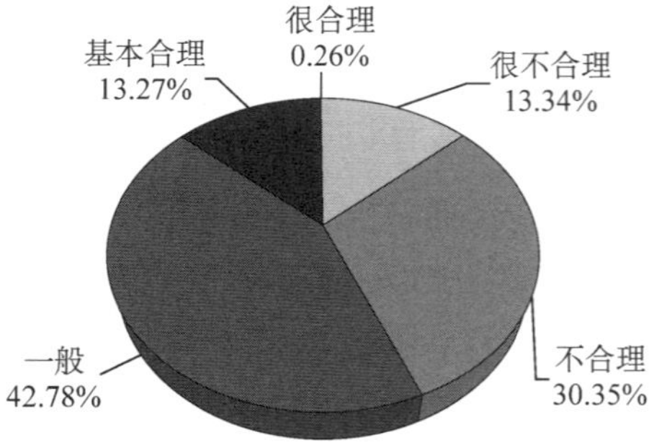

图 3-36　薪酬制度总体评价

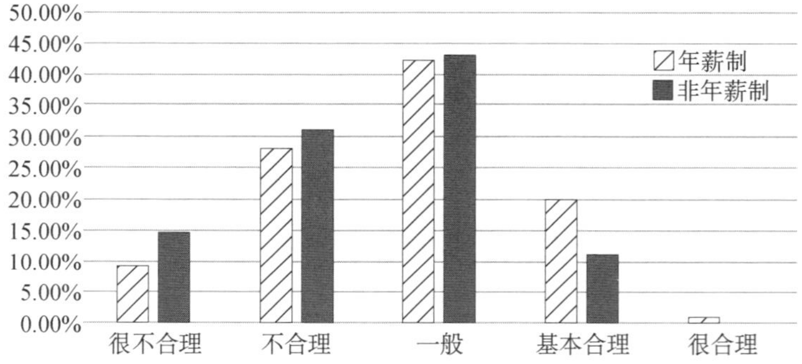

图 3-37　年薪制与非年薪制高校科研人员对薪酬制度的总体评价对比

为了进一步研究高校科研人员工作总体满意度与薪酬制度评价之间的相关性，将“工作总体满意度”与“薪酬制度评价”进行等级相关分析。结果表明，高校科研人员的工作总体满意度与高校科研人员薪酬制度总体评价的 Gamma 等级相关系数是 0.650，显著水平是 $p<0.01$，这表明二者之间显著相关。

3.3.3　薪酬政策满意度分析

为了研究高校科研人员对薪酬激励的感受，调查问卷设置了“您所在单位的薪酬制度对科研人员有很强激励性”的题目进行调查，结果如图 3-38 所示。选择占比依次为：一般（41.43%）、不同意（30.22%）、同意（13.85%）、非常不同意（12.57%）、非常同意（1.93%）。这表明只有少数高校科研人员对薪酬制度的激

图 3-38　薪酬激励性感知

励性作用表示认同。

选取“薪酬制度对科研人员有很强激励性”与“薪酬制度评价”进行相关分析，结果表明，高校科研人员的薪酬制度激励性感知和对薪酬制度的总体评价之间的 Gamma 等级相关系数是 0.575，显著性水平是 $p<0.01$，这表明二者之间是显著相关，可见当薪酬制度激励性感知很强时，高校科研人员对薪酬制度的整体满意度相对也高，而对薪酬制度激励性感知较低的高校科研人员对薪酬也会表达不满。另外，非年薪制的高校科研人员较年薪制科研人员的薪酬激励性感知满意度更弱，不满意却也更强。具体情况如图 3-39 所示。

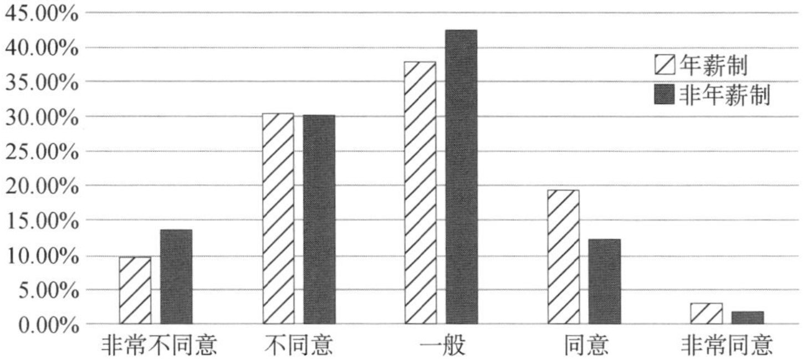

图 3-39 年薪制与非年薪制高校科研人员薪酬制度激励性感知对比

为了研究高校科研人员对薪酬结构合理性的感知，采用问题“您所在单位薪酬结构设计得很合理”，结果如图 3-40 所示。其中，近半数（46.20%）的高校科研人员选择一般，34.79%的高校科研人员认为单位薪酬结构设计得不合理，而认为合理的只占 6.19%（包括同意和非常同意）。非年薪制高校科研人员较年薪制高校科研人员对薪酬结构合理性的认可度更弱，具体情况如图 3-41 所示。

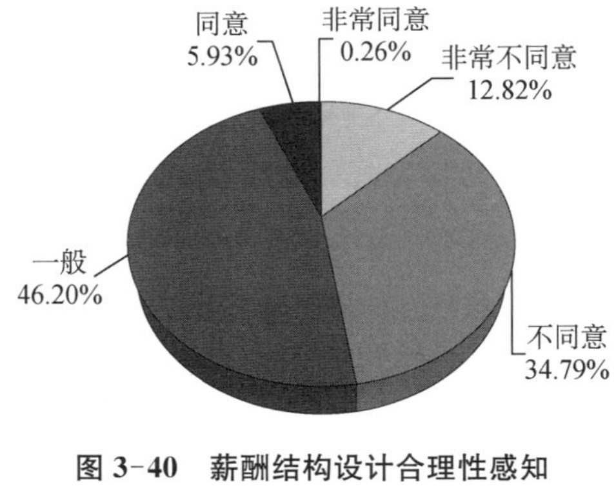

图 3-40 薪酬结构设计合理性感知

对绩效和薪酬水平的关系调查，采用问题“您所在单位薪酬的多少取决于绩效水平的高低”，结果如图 3-42 所示。其中，43.24%的被调查者选择“一般”，25.58%的被调查者选择“不同意”，这说明在主观感受上，高校科研人员的薪酬

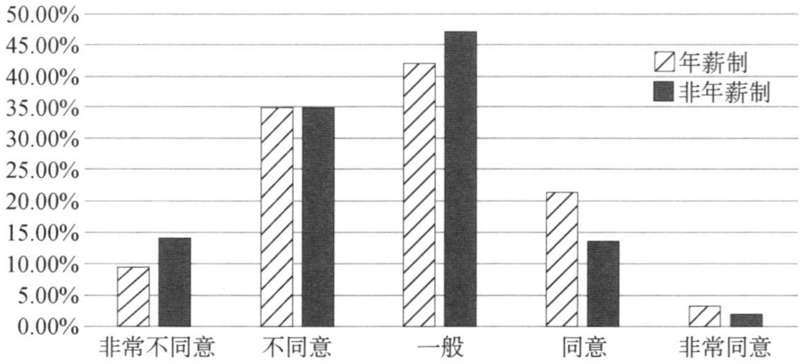

图 3-41　年薪制和非年薪制高校科研人员对薪酬结构设计合理性感知对比

水平和绩效之间存在一定的联系，但关联度不强。而 23.13%和 1.61%的被调查者同意或非常同意薪酬与绩效水平之间存在联系，这表明有近 25%的科研人员在主观感受上认为，薪酬与绩效是高度相关的。

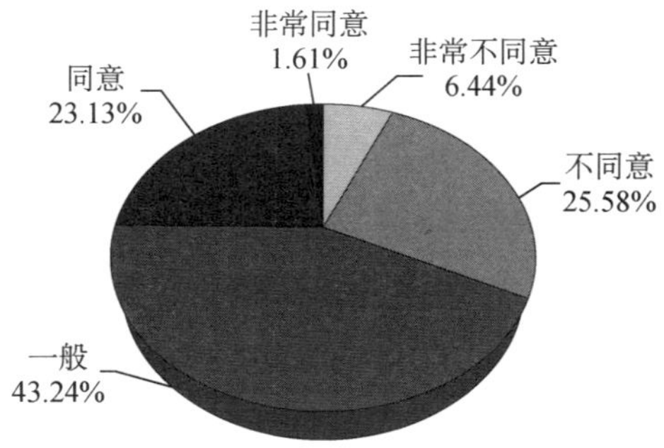

图 3-42　薪酬与绩效水平联系

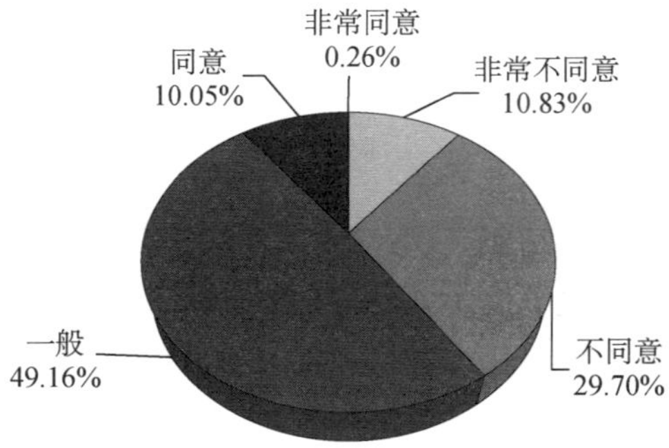

图 3-43　岗位评价方法科学性评价

对岗位评价的调查，采用问题“您所在单位对岗位评价的方法是科学的”，结果如图 3-43 所示。其中，49.16%的被调查者选择“一般”，29.70%的被调查者选择“不同意”，选择“同意”和“非常不同意”的人数较为接近，分别占 10.05%和 10.83%，只有 0.26%的被调查者选择“非常同意”。这说明岗位评价的合理性有待明晰，很多高校科研人员对评价体系并不是非常了解。年薪制科研人员较非年薪制科研人员对岗位评价方法科学性的认同感更强，而非年薪制科研人员对岗位评价方法科学性的不认可度更高，具体情况如图 3-44 所示。

对职称和薪酬水平关系的调查，采用问题“报酬总体而言与职称挂钩最紧密”，结果如图 3-45 所示。其中，39.82%的被调查者同意职称和收入之间关系紧密，有 5.41%的被调查者非常同意，说明这部分科研人员对职称与收入之间高

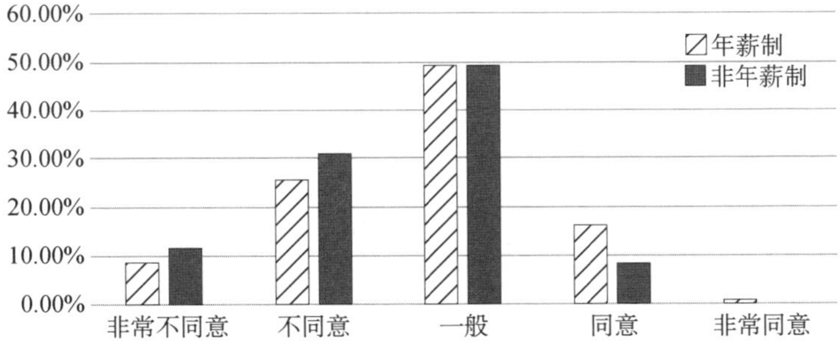

图 3-44　年薪制和非年薪制高校科研人员对岗位评价方法科学性评价对比

度相关的感受是比较强的。35.50%的被调查者选择"一般"，这部分科研人员也能在一定程度上感受到职称与收入之间存在关系。而选择"不同意"和"非常不同意"的被调查者占比分别为15.08%和4.19%。

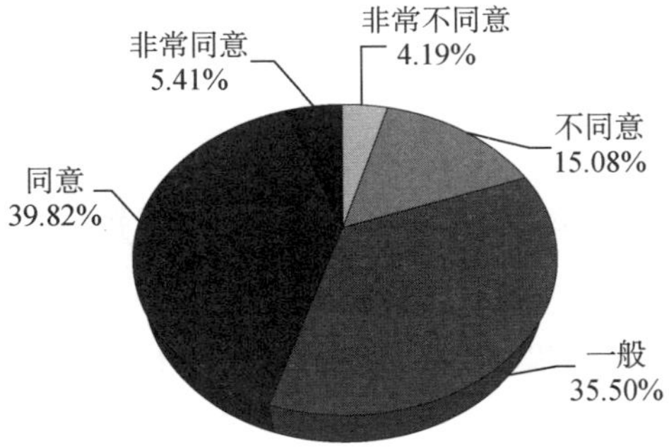

图 3-45　职称与薪酬关系评价

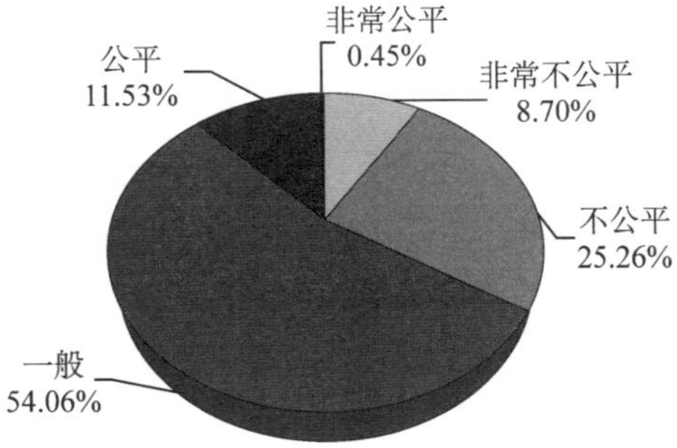

图 3-46　薪酬制度公平度评价

对薪酬公平度的调查，设置问题"您认为单位的薪酬制度公平度"，结果如图3-46所示。其中，一半以上（54.06%）的被调查者认为单位薪酬制度公平度一般，认为不公平和非常不公平的分别占25.26%和8.70%，而认为公平和非常公平的仅占11.53%和0.45%。年薪制科研人员较非年薪制科研人员对薪酬制度公平性的感知更强，而非年薪制科研人员对薪酬制度不公平性的感知更强，具体情况如图3-47所示。

对薪酬增长感受调查，设置问题"您过去的收入一直稳定增加"，结果如图3-48所示。其中，40.53%的被调查者选择"一般"，20.30%和0.84%的被调查者选择"同意"和"非常同意"，而选择"不同意"和"非常不同意"的被调查者共占38.34%。

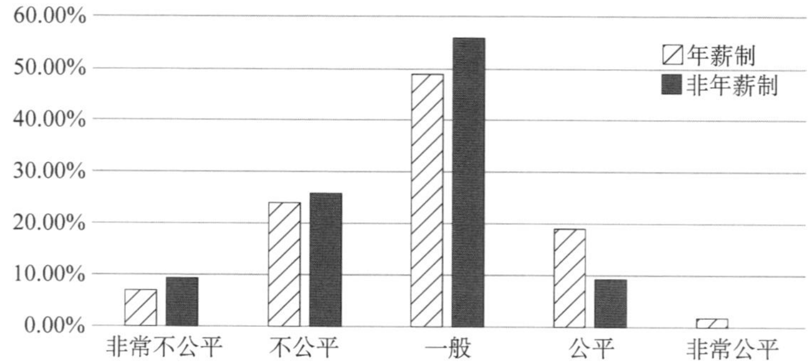

图 3-47　年薪制和非年薪制高校科研人员对薪酬制度公平度评价对比

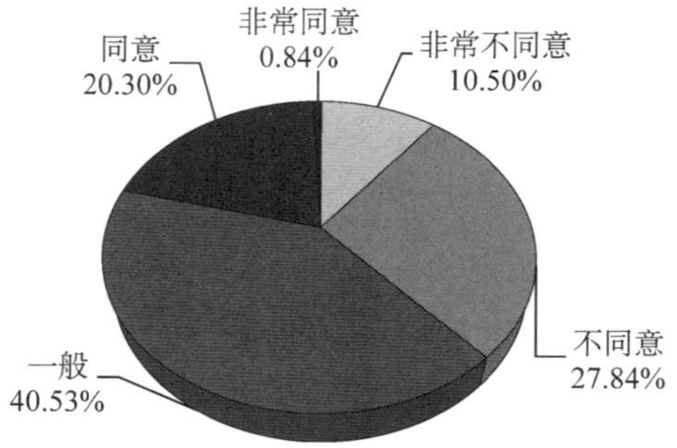

图 3-48　薪酬稳定增加的评价

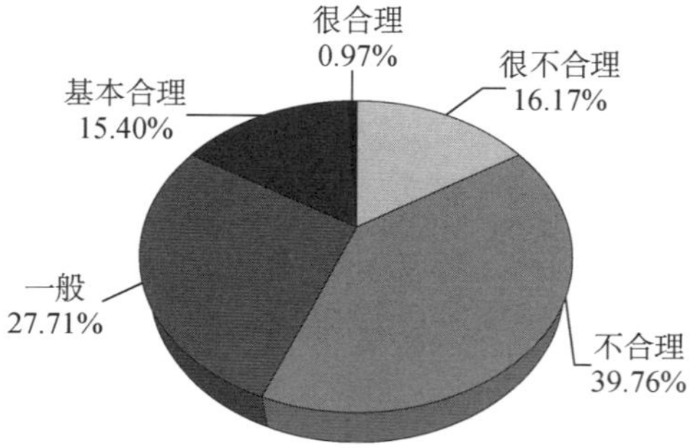

图 3-49　高校科研人员薪酬差距合理性调查结果

对高校科研人员薪酬差距的合理性调查结果如图 3-49 所示。占比从高到低依次是:不合理(39.76%)、一般(27.71%)、很不合理(16.17%)、基本合理(15.40%)和很合理(0.97%)。相较而言,年薪制科研人员认为高校科研人员的薪酬差距还算合理,而非年薪制科研人员则更多地认为高校科研人员的薪酬差距是不合理的,具体情况如图 3-50 所示。

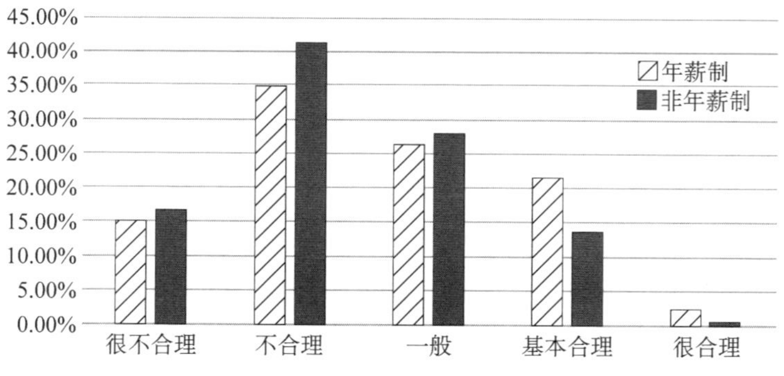

图 3-50　年薪制和非年薪制高校科研人员薪酬差距合理性认知对比

3.3.4 单项薪酬满意度分析

为了进一步了解单项薪酬的满意度，调查问卷设置了相关问题，分别对“基本工资、绩效薪酬、奖金、津贴、五险一金、单位自设福利”等货币性薪酬的满意度进行了评价，结果如表 3-8 所列。总体来说，大多数被调查者对各项薪酬的满意度的评价为一般和不满意。相对而言，对“五险一金”的满意度较高，对单位自设福利的满意度则较低，对基本工资的不满意度也较高。

表 3-8 单项薪酬满意度分布

单项薪酬	满意度					
	很不满意	不满意	一般	满意	很满意	没有这项薪酬
基本工资	25.06%	33.05%	32.15%	9.02%	0.72%	—
绩效薪酬	12.31%	36.15%	43.36%	7.99%	0.19%	—
奖金	15.27%	31.45%	36.73%	6.89%	0.64%	9.02%
津贴	13.53%	30.86%	42.92%	9.02%	0.64%	3.03%
五险一金	8.25%	13.47%	48.13%	27.45%	2.06%	0.64%
单位自设福利	21.59%	27.00%	29.96%	4.06%	0.38%	17.01%

对内在薪酬的满意度调查，主要设置了工作稳定性、培训机会、工作环境、工作家庭平衡和弹性工作时间这五个选项，结果如表 3-9 所列。

表 3-9 内在薪酬满意度

内在薪酬	满意度				
	很不满意	不满意	一般	满意	很满意
工作稳定性	2.71%	7.15%	37.95%	47.23%	4.96%
培训机会	10.76%	21.52%	51.29%	15.53%	0.90%
工作环境	8.70%	17.91%	43.17%	27.96%	2.26%
工作家庭平衡	11.21%	19.85%	44.46%	22.81%	1.68%
弹性工作时间	5.93%	10.63%	36.66%	42.14%	4.64%

3.4 创新动机

为了调查高校科研人员应该具备怎样的特质，问卷设置的问题为“优秀科研人员应该具备的重要特质”,结果如图 3-51 所示。前五项依次为:高度敬业精神、较高科学素养、团队协作能力、兴趣爱好和全局观念。

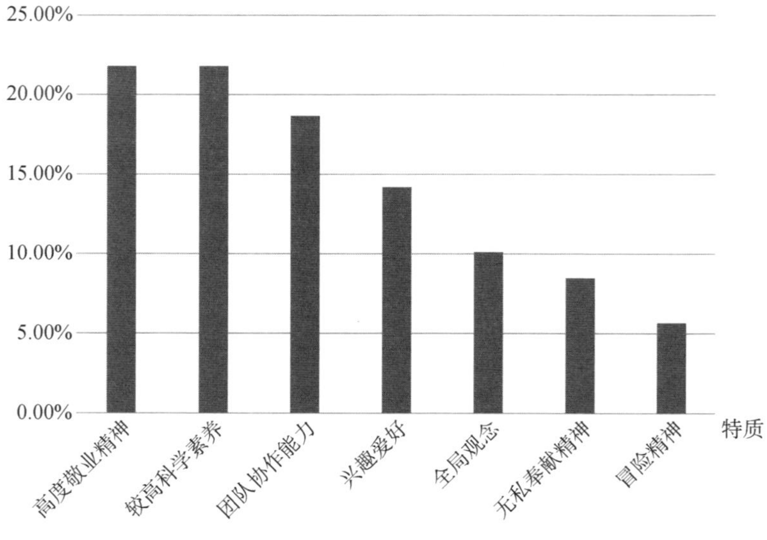

图 3-51　科研人员应具备的重要特质

为了了解科研创新活动存在的障碍,问卷设置的问题为“您认为您从事科研创新活动的障碍依次是”,结果如图 3-52 所示。科研创新活动障碍排序依次是:研究经费不足、科研经费管理制度不合理、激励制度不完善、工作家庭冲突、研究

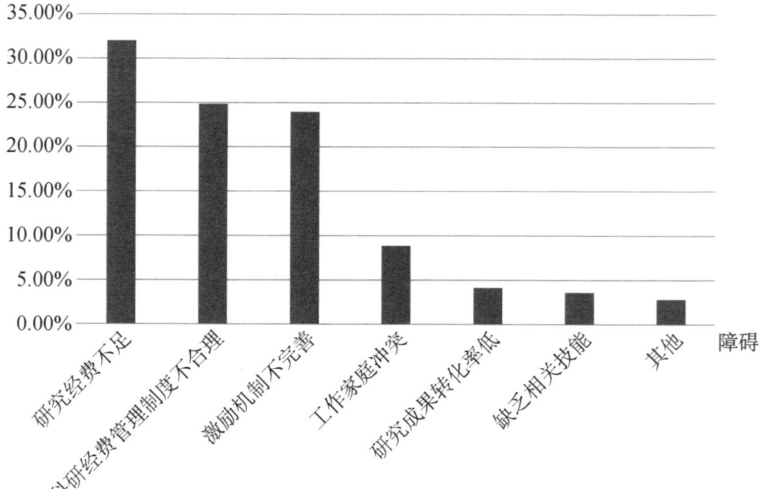

图 3-52　科研创新活动的障碍排序

成果转化率低、缺乏相关技能和其他。可见在调查中，高校科研人员普遍认为的科研创新障碍是：研究经费不足、科研经费管理制度不合理和激励制度不完善。

为了调查科研人员的创新动机，设置排序问题“您教学科研创新的动机是什么”，结果如图 3-53 所示。教学科研创新动机的排序依次是：本职工作需要、获得满足感、个人兴趣、个人获得晋升、提高个人收入和其他。由此可见，高校科研人员主要创新动机在于本职工作需要、获得满足感和个人兴趣。

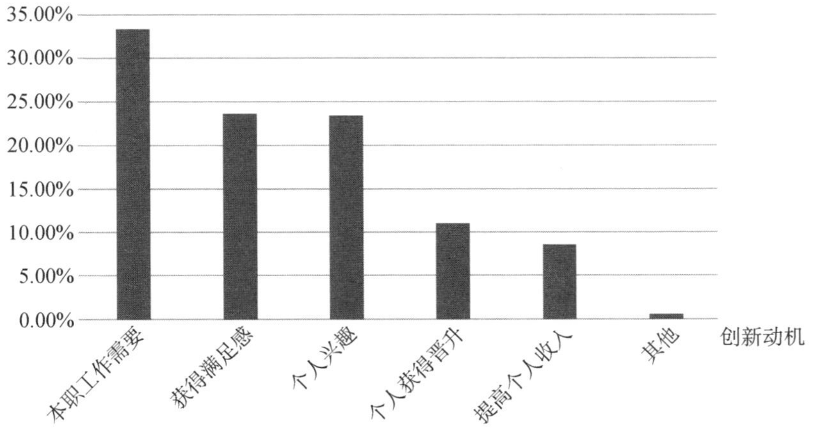

图 3-53　教学科研创新活动的动机排序

3.5　创新成果分析

3.5.1　总体创新成果情况

调查问卷设置了三个问题，即“近三年内主持或参与的科研项目总数”“近三年内学术刊物发表论文数量”“近三年专利申请数量”，以用于调查高校科研人员的总体创新成果情况，结果如表 3-10 所示。

表 3-10　近三年创新成果总体情况

项目	最大值	最小值	中位数	平均数	标准差
近三年内主持或参与的科研项目总数	20	0	4	4.65	3.40
近三年内学术刊物发表论文数量	30	0	7	9.04	7.40
近三年专利申请数量	20	0	0	2.23	3.90

3.5.2 不同受教育水平、年龄、职称的创新成果分析

统计不同受教育水平、年龄、职称群体的创新成果均值，如表 3-11—表 3-13 所列。在不同受教育水平的三项创新成果均值统计中（图 3-54），可以看出，博士学位有明显的优势，而本科及以下学历的科研人员的部分创新成果均值高于硕士，这可能与本科学历的科研人员资历更高以及在高校从事科研工作的时间较长有关。

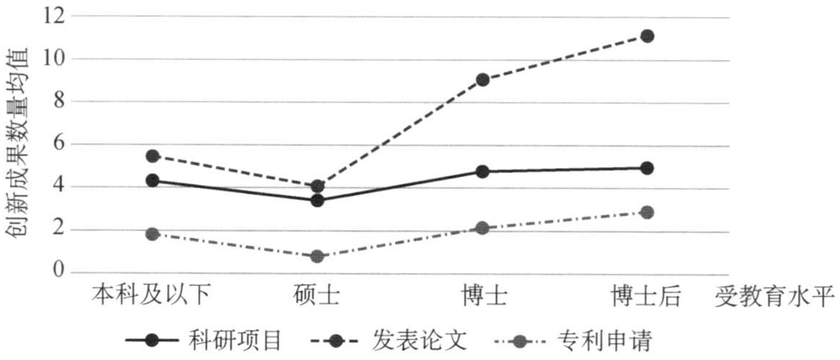

图 3-54　受教育水平和创新成果数量均值

表 3-11　受教育水平与创新成果数量均值

受教育水平	创新成果		
	近三年内主持或参与的科研项目平均值	近三年内学术刊物发表论文数量平均值	近三年专利申请平均值
本科	4.28	5.45	1.81
硕士	3.41	4.07	0.81
博士	4.76	9.07	2.15
博士后	4.97	11.15	2.90

不同年龄段的科研人员的创新成果没有明显差距（图 3-55），但是可以看出，30 岁及以下的科研人员创新成果均值都较低，61 岁及以上的科研人员近三年发布论文数量均值较高，但专利数较低。

不同职称的创新成果差别非常明显，如图 3-56 所示，职称等级越高，创新成果均值也越高，这与现实相吻合。

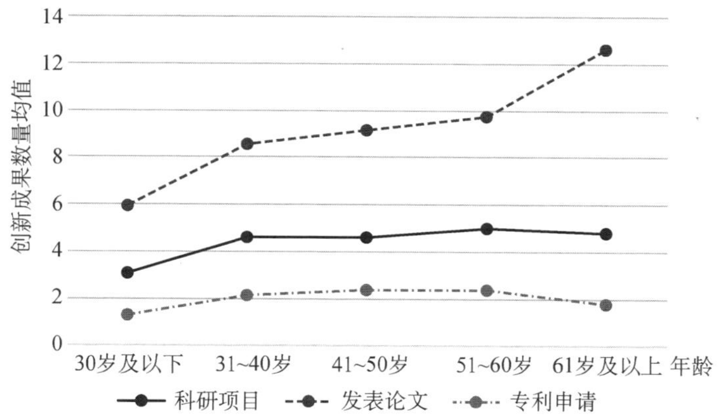

图 3-55 年龄与创新成果数量均值

表 3-12 年龄与创新成果数量均值

年龄	创新成果		
	近三年内主持或参与的科研项目平均值	近三年内学术刊物发表论文数量平均值	近三年专利申请平均值
30 岁及以下	3.12	5.95	1.26
31～40 岁	4.61	8.60	2.11
41～50 岁	4.63	9.15	2.39
51～60 岁	5.00	9.76	2.37
61 岁及以上	4.82	12.58	1.79

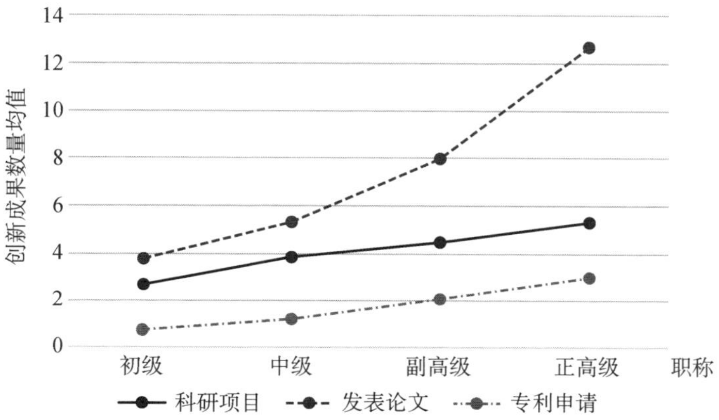

图 3-56 职称与创新成果数量均值

表 3-13　职称与创新成果数量均值

职称	创新成果		
	近三年内主持或参与的科研项目平均值	近三年内学术刊物发表论文数量平均值	近三年专利申请平均值
初级	2.70	3.78	0.78
中级	3.87	5.35	1.22
副高级	4.51	8.04	2.10
正高级	5.37	12.70	3.03

3.5.3　收入与创新成果关系

进一步比较薪酬与创新成果均值之间的关系，如表 3-14、表 3-15 和图 3-57、图 3-58 所示。整体上，发表论文数的均值和年收入之间存在递增关系，其他两项创新成果与年收入之间没有明显趋势。

表 3-14　年薪制收入与创新成果均值

年薪	创新成果		
	近三年内主持或参与的科研项目平均值	近三年内学术刊物发表论文数量平均值	近三年专利申请平均值
15 万元以下	2.22	7.96	4.31
15 万～25 万元	3.16	11.27	5.32
26 万～35 万元	2.08	10.28	4.34
36 万～45 万元	2.95	13.36	5.68
46 万～50 万元	4.08	13.92	5.83
51 万元及以上	5.50	16.17	5.83

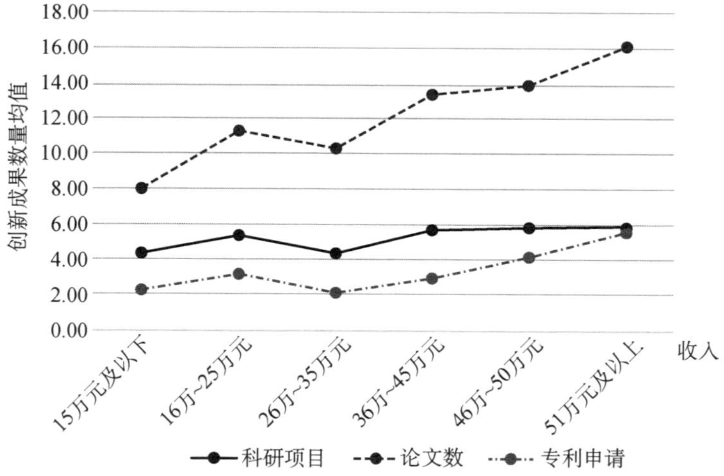

图 3-57　年薪制收入与创新成果数量均值

表 3-15　非年薪制下校内年收入与创新成果数量均值

校内年收入	创新成果		
	近三年内主持或参与的科研项目平均值	近三年内学术刊物发表论文数量平均值	近三年专利申请平均值
10 万元及以下	4.03	6.69	1.78
11 万～15 万元	4.62	8.55	2.05
16 万～20 万元	5.26	11.02	2.72
21 万～25 万元	4.88	12.83	2.54
26 万～30 万元	6.00	13.00	1.39
31 万元及以上	6.65	14.82	1.65

进一步研究，年薪制的年收入与近三年发表论文数的相关系数为 0.218（$p<0.01$），与申请专利数之间的相关系数为 0.204（$p<0.01$），表明年薪制收入与发表论文数量和专利申请数量之间存在显著性相关，但年薪制收入与参与科研项目数之间没有显著相关性。继续研究非年薪制年收入与创新成果之间的相关性，在非年薪制下的年收入与近三年发表论文数的相关系数为 0.248（$p<0.01$），非年薪制年收入与近三年科研项目数之间的相关系数为 0.162（$p<0.01$）。所以，非年薪制年收入与发表论文数量和科研项目数量都存在显著性相

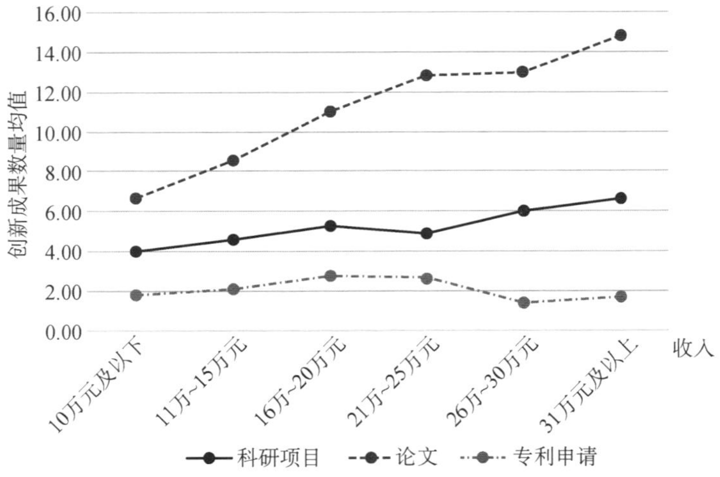

图 3-58　非年薪制下校内年收入与创新成果数量均值

关，但非年薪制收入与专利数没有显著相关。

为了了解是否采用年薪制与创新成果数之间的相关性，故对是否为年薪制和三项创新成果数量进行相关性检验，结果如表 3-16 所列，是否年薪制与论文数和专利数之间显著相关，但相关系数非常小。同时，将是否为年薪制与各项满意度评价之间进行相关性检验，结果如表 3-7 所列，是否为年薪制与各项满意度评价之间都存在一定的显著性相关，但普遍相关系数很低。后续的研究过程中还会继续深入研究年收入与创新成果、是否为年薪制与创新成果、是否为年薪制与薪酬满意度之间的关系。

表 3-16　是否为年薪制与创新成果之间的相关性

是否为年薪制	近三年内主持或参与的科研项目总数	近三年内学术刊物发表论文数量	近三年专利申请数量
皮尔逊相关性	0.038	0.079**	0.101**
显著性	0.133	0.002	0.000

注：** 表示 $p<0.01$。

3.5.4　满意度与创新成果关系

进一步观察工作总体满意度、薪酬制度评价和收入状况满意度各分组的创新成果数量均值，结果如表 3-13—表 3-18 所列。

在表 3-17 中，工作总体满意度下各分组的创新成果数量均值表中，对工作总体满意和很满意的组的近三年发表论文数量的均值都较高，但同时对工作很不满意的组，其近三年发表论文数量均值也较高，没有明显的趋势性信息，故对此需要进一步研究。

在表3-18中，可以明显地看到对单位薪酬制度评价为“很合理”的组，三项创新成果数量均值都较高。同时，对薪酬制度评价为“很不合理”的组，近三年发表论文数量均值为9.81，仅低于评价为“很合理”的组，这个情况和表3-19中近三年发表论文数量均值列类似，但没有非常明显的差异。

表3-17　工作总体满意与成果数量均值

总体满意度	创新成果		
	近三年内主持或参与的科研项目平均值	近三年内学术刊物发表论文数量平均值	近三年专利申请平均值
很不满意	4.55	10.26	2.83
不满意	4.39	8.97	2.14
一般	4.58	8.31	1.93
满意	5.15	10.14	2.72
很满意	4.42	12.75	3.00
总计	4.65	9.04	2.23

表3-18　薪酬制度评价与成果数量均值

薪酬制度评价	创新成果		
	近三年内主持或参与的科研项目平均值	近三年内学术刊物发表论文数量平均值	近三年专利申请平均值
很不合理	4.65	9.81	2.27
不合理	4.41	8.98	2.21
一般	4.86	8.77	2.15
基本合理	4.49	9.22	2.46
很合理	7.25	12.75	4.50
总计	4.65	9.04	2.23

在表3-19中，对目前收入很满意组的三项创新成果均值都较高。而近三年发表论文数量均值较高的三个组为“很满意”组、“满意”组和“很不满意”组。与表3-17和表3-18类似，但没有非常明显的差别。

表 3-19　收入状况满意度与成果数量均值

薪酬满意度	创新成果		
	近三年内主持或参与的科研项目平均值	近三年内学术刊物发表论文数量平均值	近三年专利申请平均值
很不满意	4.42	9.49	2.32
不满意	4.65	8.68	2.20
一般	4.77	9.02	2.00
满意	4.60	10.02	3.26
很满意	6.14	15.14	5.29
总计	4.65	9.04	2.23

从表 3-17—表 3-19 的观察分析可以发现，对工作总体满意度高、对单位薪酬制度评价为很合理、对目前收入满意度非常高的组，三项创新成果的均值都很高；同时，对工作总体很不满意、对单位薪酬制度评价为很不合理、对目前收入很不满意的组，三项创新成果均值也并非最低（图 3-59），也就是说，对三项满意度评价最消极的群体，其三项创新成果并不低，且曲线呈 U 形。

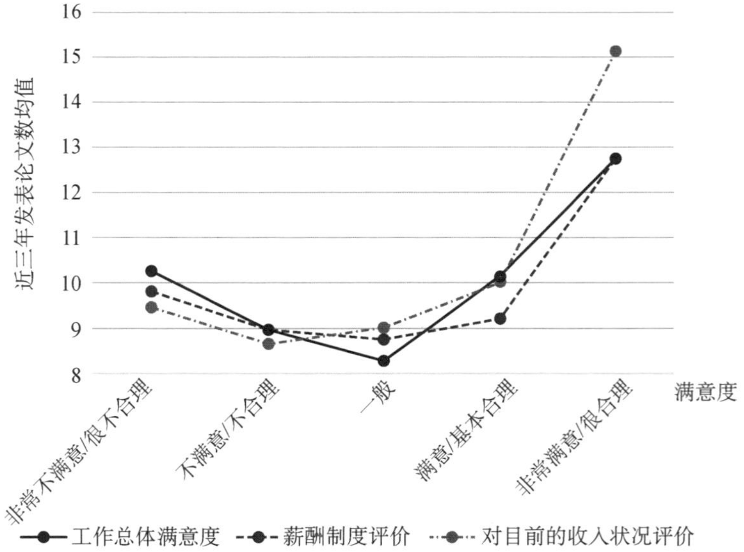

图 3-59　近三年发表论文数均值与三项满意度评价

进一步对图 3-60 进行分析，工作总体满意度为“满意”和“很不满意”这两个群体，在科研时间投入上存在差别。相对于“满意”群体，“很不满意”群体在

11～15 小时和 15 小时及以上两个选项的比例更多，说明“很不满意”群体每天有 11 小时以上可以将时间投入科研的科研人员数量更多，而 2 小时以下选项的比例少，说明“很不满意”群体在每天有 2 小时以下时间投入科研的人数少。图 3-61 也有类似情况，对收入满意度为“满意”和“很不满意”的两个群体，在科研时间投入分布上选择 11 小时以上的占比更大，而在 2 小时以下选项上占比更小。这说明对工作总体满意度和收入满意度评价最消极群体，其科研时间投入并不低，并且比对满意度评价为满意的群体更高。

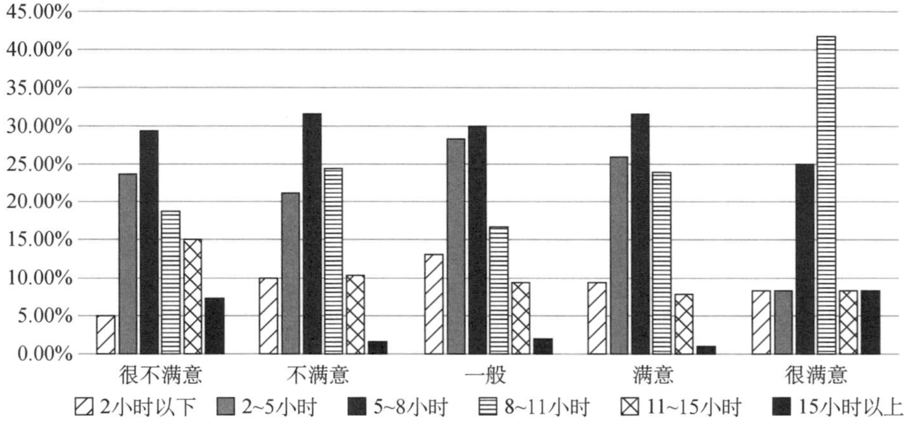

图 3-60　工作总体满意度与科研时间投入关系

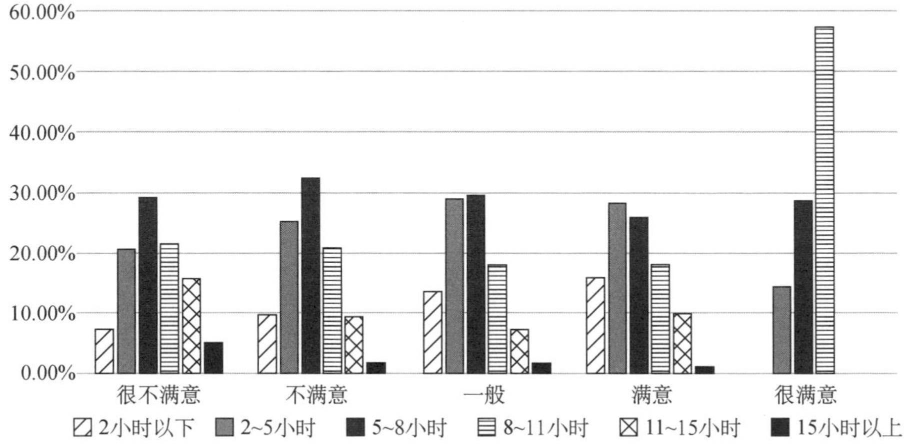

图 3-61　对收入的满意度与科研时间投入关系

通过分析发现，科研时间投入对满意度与发表论文的 U 形关系，并且很不满意者科研投入时间多于很满意者，说明时间投入对满意度存在一定的影响，这也验证了前述得出的科研时间投入与工作总体满意度和收入满意度存在显著负相关的结论。再结合现有研究分析，"热情"和"压力"这两种因素可能是形成这种 U 形关系的潜在影响因素，所以在访谈研究中，我们将关注"热情"和"压力"及其内在转换机制。

3.6 调查情况总结

结合本次问卷调查结果和对国内外薪酬体系资料的整理，我们得出以下初步结论。

3.6.1 薪酬现状

1. 高校科研人员薪酬水平偏低

根据调查结果，年薪制高校的科研人员的年收入主要集中在 25 万元以下(73.63%)，其中收入在 15 万元以下占 33.79%。非年薪制高校的科研人员的年收入主要集中在 15 万元以下(78.95%)，其中 10 万元以下占 32.74%。样本中年薪制与非年薪制之比约为 2.3∶7.7。从问卷结果可以推断，年薪制收入总体高于非年薪制收入，大部分高校科研人员还是非年薪制收入，且整体收入水平偏低。

高校科研人员的年收入与报考某大学 MBA 的学生的年收入相比，差别较大，高校科研人员是学历高、年龄高、收入低。

2. 年收入受职称、年龄和受教育情况影响

从年收入与职称、年龄、受教育情况的相关性研究结果可以看出，无论是年薪制还是非年薪制的高校科研人员，其年收入与三者之间都存在显著性相关，相比较而言，职称和年收入的相关度更高(Spearman 相关系数大于 0.5)，其他两项相关度低。这说明职称仍是高校科研人员薪酬体系中的一个重要导向，职称越高、收入越高。而高校科研人员的年收入受到年龄和受教育水平的影响相对受职称的影响要小。

3. 年收入受创新成果的影响

在年收入与创新成果相关性分析中，无论年薪制还是非年薪制，年收入与发表论文的数量之间都存在显著相关性(年薪制 Spearman 相关系数 0.218，非年薪制 Spearman 相关系数 0.245)，非年薪制的年收入与科研项目数量也存在显著相关性(Spearman 相关系数 0.162)。高校科研人员的创新成果绩效与收入之间存在显著的联系，但这种联系的相关度较低，这在一定程度上说明，现有薪酬

体系中已经体现了一部分创新绩效，但这种体现的程度很低。年薪制的科研人员的年收入与科研项目数和申请专利数的相关性不显著，非年薪制的科研人员的年收入与申请专利数之间的关联性也不显著。它们之间的具体关系和原因在后续研究中将继续深入探讨。

同时，我们对是否采用年薪制和三项创新成果及各项满意度评价之间进行了相关性分析，结果发现是否采用年薪制与发表论文数量和申请专利数量之间显著相关，但是相关度非常弱。是否采用年薪制与多项满意度之间也显著相关，但相关度同样较弱，后续研究中还要进一步研究它们之间的关系。

3.6.2　满意度情况

1. 薪酬总体满意度一般

在薪酬制度总体满意度评价中，42.78%的被调查者认为薪酬制度一般，而认为薪酬制度不合理和很不合理的被调查者分别占 30.35%和 13.34%。可见，高校科研人员对薪酬制度的评价总体偏中(42.78%)或负面(43.69%)。

2. 感知薪酬水平偏低

在薪酬水平感知的调查中，有 46.39%的被调查者认为自己的收入处于中下层，17.46%的被调查者认为自己的收入水平处于下层，而认为自己处于中层的占 28.99%，认为自己处于中上层的占 6.77%，只有 0.39%的被调查者认为自己处于上层。虽然，薪酬感知有很强的主观性，但也能反映出，大部分高校科研人员认为自己的薪酬水平不高。

3. 薪酬激励效果不明显

在对薪酬激励感知的调查中，42.78%的被调查者认为当下的薪酬激励效果差，41.43%的被调查者认为现有的薪酬制度激励效果一般。

4. 薪酬政策制度有待完善

在薪酬结构合理性调查中，46.20%的被调查者认为薪酬结构的合理性一般，认为薪酬结构不合理和非常不合理的被调查者占 34.79%和 12.83%；在薪酬与绩效水平的联系程度上，只有 23.13%和 1.61%的被调查者同意和非常同意薪酬与绩效是相关的，而 25.58%和 6.44%的被调查者不同意和非常不同意二者之间是相关的，其余 43.23%的被调查者认为二者的相关性一般；在薪酬岗位评价方法的科学性上，有 29.70%和 10.82%的被调查者不同意和非常不同意岗位评价方法是科学的，同意和非常同意的则分别占 10.05%和 0.26%，其余49.16%的被调查者认为岗位评价方法的科学性一般；在薪酬制度公平性上，25.26%和

8.70%的被调查者认为薪酬制度不公平和非常不公平，11.53%和0.45%的被调查者认为薪酬制度公平和非常公平，其余 54.06%的被调查者认为薪资制度公平度一般；在薪酬差距的合理性上，39.76%和 16.17%的被调查者认为薪酬差距不合理和很不合理，15%和 0.97%的被调查者认为薪酬差距基本合理和很合理，其余 27.71%的被调查者认为合理性一般。

从以上调查结果可以看出，高校科研人员对薪酬制度和政策的评价偏中或负面，说明目前的薪酬制度政策还有待提高。另外，我们也注意到，问卷大部分询问主观感受，后期研究过程中还需要尽量获取客观数据来作比较。同时，我们通过对美国、德国、英国、日本等主要发达国家高校教师的薪酬制度、结构及水平进行分析，认为要改善高校薪酬制度，在宏观层面上政府需要适当扩大高校分配的自主权、健全学术劳动力市场化运作模式和资源获取竞争机制、加强学校薪酬管理的灵活性和资金获取的自主性，以此实现减轻政府压力和加大学校运营活力的目的。在高校内部，有必要大幅度地提高各级教师的薪酬水平，为广大教师提供稳定体面的基本工资，以保证教师潜心研究和安心教学。在绩效工资制度推行方面，要结合学术职业特性设计绩效评价主体和评估年限。同时，学校需要关注不同类教师群体间的薪酬分布结构，使高校教师的整体薪酬结构趋于合理。

5. 创新成果与满意度

研究中发现，高校科研人员工作总体满意度、收入满意度和薪酬制度满意度这三项满意度与近三年论文数量均值之间存在 U 形关系，“热情”和“压力”这两种因素可能是导致这种 U 形关系的潜在影响因素。

6. 年薪制下的科研人员对满意度评价相对更积极

针对工作总体满意度、薪酬制度满意度、薪酬激励性、薪酬结构、岗位薪酬评价科学性、薪酬制度公平性及收入差距合理性等与薪酬满意度相关条目，将年薪制和非年薪制高校的科研人员的态度或感知进行了比较分析，结果表明，相对于非年薪制高校科研人员而言，年薪制高校科研人员对上述薪酬满意度相关条目的态度或感知更为积极。如此，是否能够说明年薪制更能使高校科研人员感到满意呢？

在前期对高校科研人员的初步访谈中，我们发现，非年薪制下的高校科研人员并不是如我们所想象的那般愿意转向年薪制，其中的主要原因是他们认为年薪制下对高校科研人员的考核及要求更为严苛。因此，是否对高校科研人员薪酬采取年薪制尚需进一步探讨。在后期的访谈中，除了了解高校科研人员创新激励模型外，还需要具体了解现有高校实行年薪制的具体情况，如年薪制的薪酬范围、结构和考核等。

4 高校科研人员访谈调查

4.1 访谈对象结构

为了全面了解高校科研人员对薪酬体系的感受，我们确定了广泛抽样标准：

(1) 受访对象性别分布均衡，男女人数基本相当；

(2) 受访对象年龄分布均衡，各个年龄段人数基本相当；

(3) 受访对象的职称分布均衡，讲师、副教授、教授的人数比例基本相当；

(4) 受访对象的学科分布均衡，自然科学、社会科学和人文科学的人数比例基本相当；

(5) 受访对象所在高校的分布主要有研究型大学、研究教学型大学和教学研究型大学。

整个研究确定了28名高校科研教师作为访谈对象，按照性别划分，包含男性14人、女性14人；按年龄划分，包括30～40岁8人，41～50岁7人，51～60岁11人，61～70岁2人；按职称划分，包含讲师7人、副教授10人、教授11人；按学科划分，涉及的学科专业包含经济学、工商管理、管理科学与工程、测绘与地理、机械设计与制造、自动化控制、数学、汉语言文学等，学科分布广泛。研究样本来自同济大学、复旦大学、上海交通大学、上海财经大学、上海大学、兰州大学、云南大学、上海城建学院、广西大学等。研究样本的基本资料如表4-1所列。

表4-1 研究样本的基本信息

编号	性别	年龄	职称	大学类型	研究领域
1	男	30～40岁	讲师	研究型	宏观经济学
2	女	51～60岁	教授	研究型	偏微分方程
3	女	30～40岁	讲师	研究教学型	技术与创新管理

（续表）

编号	性别	年龄	职称	大学类型	研究领域
4	男	61～70 岁	副教授	研究型	英语科技翻译
5	男	30～40 岁	讲师	教学研究型	计算机
6	女	30～40 岁	讲师	研究教学型	市场营销
7	女	41～50 岁	教授	研究教学型	财务与会计
8	男	41～50 岁	副教授	研究型	系统控制
9	女	51～60 岁	教授	研究型	团队创新
10	男	30～40 岁	讲师	研究型	汽车服务工程
11	女	41～50 岁	副教授	研究型	机械与动力
12	男	51～60 岁	副教授	研究型	供应链管理
13	女	51～60 岁	副教授	研究型	创新创业管理
14	男	51～60 岁	教授	研究型	测绘与地理
15	女	41～50 岁	教授	研究教学型	汉语言文学
16	男	61～70 岁	教授	研究型	城市经济学
17	男	41～50 岁	教授	研究教学型	国民经济学
18	男	30～40 岁	讲师	研究型	机械工程
19	女	41～50 岁	教授	研究型	纳米化学
20	女	51～60 岁	教授	研究教学型	公共政策
21	女	51～60 岁	讲师	研究型	营销管理
22	男	51～60 岁	副教授	教学研究型	自然地理
23	男	30～40 岁	副教授	研究型	高等教育管理
24	男	51～60 岁	副教授	研究型	资源利用与规划等
25	女	51～60 岁	教授	研究型	物流与供应链管理
26	女	51～60 岁	教授	研究型	地理学
27	男	30～40 岁	副教授	研究教学型	组织行为与人力资源
28	女	41～50 岁	副教授	研究型	知识管理

4.2 访谈资料的搜集

本次访谈围绕高校科研人员岗位管理、薪酬体系、创新、科研动机及热情、职称评定及相关激励措施等方面设计了访谈提纲，共 16 个问题，具体问卷见附录 B。

本调查从 2017 年 9 月至 2019 年 5 月，对高校教师展开面对面的深度访谈，平均访谈时间 50 分钟，其中访谈最长时间为 135 分钟，最短时间为 45 分钟，最终得到文字资料 15 余万字。访谈过程如下：访谈开始前，先对研究问题做出适当的解释，帮助受访对象理解；在访谈过程中，访谈者提出半结构性的聚焦问题，鼓励受访对象自由分享自己的科研经历，包括对科研的态度、选择科研的原因、科研过程中的心理活动、目标设定方法和行动策略等，通过适当的追问来引导他们说出更多的细节或解释；访谈结束后，将录音转化成文字材料。

4.3 访谈实录节选

访谈实录给进一步了解高校科研人员对现行薪酬体系及科研环境的状况提供了一手资料，对后续探讨高校科研人员科研热情、分析薪酬体系存在的问题及给出对策建议提供了依据。以下是对部分文字稿的节选，其中对涉及个人隐私的地方进行了适当处理，由于对每个访谈对象的文字稿都进行了节选，所以可能会存在部分内容不连续的问题，但所节选的文字都源于访谈实录文字稿。

职称：讲师；
性别：男；
年龄：32 岁；
教龄：4 年；
学位：博士（海外）。

问：请问您为什么选择当老师？

答：这个有多方面的考虑。首先，跟自己的爱好有关，我很喜欢研究，也不觉得枯燥；其次，老师是一个很灵活的职业，时间很灵活；再次，就是你不需要看别人脸色，所有的产出都是你自己的，当然这个产出不一定能转化为金钱，但还是自己的，而且现在当老师收入也不是很差。所以，各方面衡量起来，觉得做老师对我还是很适合的。

问：您现在是以教学为主还是以科研为主？

答：当然是科研，毕竟我是年轻老师。对于年轻老师而言，在乎的是科研，就算教学再好，如果科研不行，还是没有用处的。

问：您科研时间大概占比多少？

答：我现在一般是 3∶2，三天做科研，两天做教学。

问：您对于现在的工作满意吗？

答：挺难讲。总体而言是满意的，但是同事中做这一专业的人很少，所以可以跟我交流的人不多。因为做研究很多时候需要同行交流，有什么想法就交流。但现在就是交流不多，其他都很好。

问：您感觉工作有热情吗？热情高吗？

答：热情肯定是有的，但是很多时候这都是一种习惯，因为做研究需要年轻的时候多做一些，所以很难分辨究竟是热情还是压力。现在就是在考核体系之下，必须完成一定成果。

问：就是说压力主要源于考核吗？

答：对，主要是源于考核，还有同行的认可。因为做科研的起步阶段必须有成果，别人（同行）才能认识你，就像刚步入工作阶段的前六年。

问：这些压力会挫伤您的热情吗？

答：因为现在都很职业化，一个月里有那么一两次会有一些负面情绪，比如说投稿被拒，但是很快自己就会调整过来的，因为这就是一份职业，你需要去做这些事情。

问：您现在是处于工作的起步阶段，对于评职称有没有什么想法？

答：实际上我不是很在乎这个，因为评职称在我们学科是一个副产品。比如说文章发出去了，我可以换一所学校。如果我想评副教授，在这里如果两年都评不上，那我可以换一所学校，可以跳槽。所以，我觉得对于我们年轻一代，主要的是科研压力，而不是评职称的压力。

问：目前，您感觉就是在发论文这一块，学校的考核指标合理吗？

答：算是合理。现在关键的就是学校会很希望提高自己的排名。因为我们专业的这些期刊都很权威，所以由于外部压力，相应的标准也会被不断地调整完善。现在我相信很多大学的评价标准还算合理。

问：您每天花在科研上的时间大概有多少？

答：实际上我工作时间不长，就十个小时左右。我从读硕士、博士到当老师，都是处于压力不大的状态，我很享受。我的很多同行都很辛苦，他们周末都加班，年轻必须先闯一下。

职称：教授；
年龄：51岁；
教龄：25年；
学位：理学博士。

问：您现在工作主要时间大概是怎么分配的？

答：大概差不多完成教学任务以外，剩下的时间都是用来看看自己感兴趣的课题该怎么来弄。

问：差不多每天教学上花多少时间？科研上花多少？

答：教学的话，主要我是老教师，上课很熟练了，所以上课之前把思路稍微理一下就好。除了课堂上的时间，其他在教学上没有花太多的时间。

问：这样的话，一天能工作多长时间？

答：我差不多是早上8点左右到办公室，下午4点半左右离开。晚上再看一点书。因为现在年龄大了不敢看研究方面的书，一看就兴奋得睡不着。所以，晚上我一般看一点休闲书。还有编程也是，如果白天编的时候有个问题卡在那，然后晚上还在想，等到睡觉躺下来了，整个脑子里都是，所以要是哪段时间编程的话，睡眠都会很差。

问：您觉得做科研有乐趣吗？

答：觉得自己有个想法，通过计算机模拟，发现自己的想法跟别人比是有进步的，还是有点开心的。

问：你们系对青年教师和老教师的考核要求是一样的吗？

答：考核是按个人的岗位，因为有些人是科研岗，有些人是教学科研岗，还有些人是教学岗，分这样三类。我们系现在差不多一半的老师是教学岗。

问：那么像你们这样的教授薪酬大概是什么范围？

答：十四五万元吧。现在很多老师觉得太少了。像我呢，因为比较喜欢这份工作，反正在这个大环境下，给这么多就只能接受。但是有很多老师，他们有房子压力，这点收入对他们来说没法安心工作。

问：很多老师都拿着很低的工资，却也很努力地工作。像您说的是喜欢，从工作中能有成就感？

答：应该可以这么说吧。教学时在讲台上看到学生和你有眼神互动，下课后他们来找你积极地讨论问题，这方面能让我获得满足感。

问：现在的收入并不高，那让您坚持下去的原因还有什么？

答：心理自由。比如我其实每天都来办公室，但如果要求我天天来，心里就不舒服了。我天天来是因为我自己想来，万一我有什么事情，随时可以不来，但这种不来的时间实际上却很少。还有你做的研究，是你喜欢做什么，就跟着自己的想法去做，也没有人强迫你，做的内容也是可以选择的。

问：您觉得考核和工作热情有什么关联性呢？

答：实际上如果不考核，我也会这样做，但考核的话我会觉得情绪上反而有点不能接受。

问：那您觉得现在这种状况，从老师的角度来说，要怎么改变呢？

答：考核不需要那么频繁，比如可以三年一考核，而不需要一年一考核。做科研的话，一年一考核实际上只会出现“短平快”的结果，三年一考核的话相对来说时间比较宽裕，我可以把文章发在比较好的期刊上，而不会有点点小想法就赶紧发文章。待遇嘛肯定是越高越好了。

问：您现在已经是教授了，做研究的目标是什么？

答：实际上是自己在做科研的过程中的一种乐趣，不是我为了得一个奖而去做研究，也不是为了发论文。因为我签了长期合同，所以就不急着发论文了，如果能有好的想法我就慢慢做，质量差的文章就不要发了。

问：你觉得科研热情是源于自己本身内在的热情，还是源于考核指标、评职称这种外部压力？

答：我觉得（热情和压力）应该是相互的。因为纯粹有热情，除非对一件事特别狂热，而我觉得大部分人没那么狂热，所以一般要有一定的压力，但是压力不能太大，一定的压力能促使你去做东西，可能就慢慢喜欢上了，就会有热情。压力太大会把一部分人的热情给打消掉。不过这种尺度可能很难把握。

问：现在这种考核你觉得压力和热情之间感受如何？

答：从我的同事们的身上来看，我觉得这种压力好像有点过分大了。

职称：副教授；

性别：女；

年龄：33 岁；

教龄:8 年;

学位:博士(海外)。

问: 您当时为什么会选择教师这个行业?

答: 因为当时我研究生毕业之后不想立即工作,觉得自己还需要学习一些知识,刚好就有机会申请到了奖学金,而我一直把博士做的研究当作一份工作,因为我觉得有收入,而且我本身还是蛮喜欢看书、钻研问题的,所以就读了博士。读完博士回国之后就顺理成章地进入高校当老师了。但是唯一一个需要我选择的是回国还是留在国外,综合对比下来,我还是选择了回国。

问: 想问一下您现在大致的一个薪酬范围。

答: 我都没怎么算过,年薪的话税后应该有个 12 万元左右吧。我觉得当老师,不是说金钱不重要,而是从事这个职业,你应该对金钱看得不要过重。因为,我觉得如果你选择了这个工作,虽然钱不会多,但能保证你的基本生活。还有,对于年轻老师而言,我觉得选了这个工作心理预期不会特别高,因为在年轻的时候高薪是不太可能的,老师就像医生,越老越值钱,所以在年轻的时候学习、积累的平台才更重要。

问: 您期望自己的基本工资和绩效工资是个什么比例?

答: 基本工资就是指你干不干活都拿这么多的?我知道一些年纪比较大的老师他们的基本工资会拿的比较多一点,因为他们已经过了科研的黄金期。绩效中一部分是教学一部分是科研嘛,我想都四五十岁了还让人家写文章是不是也写不出来了。

问: 那对您呢,您希望非年薪制转换成年薪制吗?

答: 我希望啊,我希望拿年薪制。年薪制可能就是一年二十万元,一次签三年,三年后达不到那个目标你就离开。一开始听起来觉得压力很大,但其实不是年薪制压力也不小,三年内如果没有这些成果照样也待不下去。就是说是不是年薪制都不能减轻青年教师的压力,那还不如年薪制。

问: 年薪制对青年教师的激励还是比较大的吗?

答: 年薪制对吸引人才也是比较重要的。如果没有年薪制的话,人才可能会去别的学校啊。

问: 那您觉得高校老师创新的动机大概是怎样的呢?

答: 一个是大环境要求吧,本来 KPI 的考核就意味着发文章。另一个就是从工作本身来说,高校老师跟初中高中老师不一样,如果只靠那点课本知识来传道授业解惑是不够的,所以高校老师必须站在科研的第一线,才能把最新的东西传授给学生。另外,我觉得创新的动机既有外部的又有内部的,其中内部动机我觉得选择这个职业首先是自己想不断提高,不管是做项目还是发论文,自己是一直在寻求新的知识和创造新的知识,这对自己的提高很重要,否则大学老师只靠教书,备完课后每年都讲相同的内容,也会觉得工作很无趣呀。

问: 如果说想激励高校老师更多地去创新,应该从哪些方面入手呢?

答: 我觉得创新行为导向不要太急功近利。我觉得年薪制倒是挺好的,六年有点长,三四年就比较好。首先,我觉得激励创新得解决大家的生活问题,让大家觉得不会为了生计、金钱去外面到处讲课,或者做一些跟科研没有关系的事。所以说,我觉得起码要让老师过上一个比较体面的生活。其次,再谈创新,还是跟钱有关系。我觉得文科的科研和理工科的还不一样,因为我们没有实验室,其实大部分的投入都是自己的时间和精力,但是学校又不给予相应的劳务费,我觉得这是不合理的。

问: 在经费的使用过程中有些什么问题吗?

答: 我觉得是报销,一些和科研有关的活动,很多报销不了,可以报销的呢,很多又是没有发生的,所以你会花很多时间在这个上面,我觉得根本没必要。说到底我感觉对老师是不是不信任?其实我觉得我国在科研经费上的投入还是很大的,我的有些同事他们拿到的科研经费就比较多。国家其实在科研投入上是不缺钱的。

问: 那除了科研,在教学方面的创新如何呢?

答: 教学这方面啊,我觉得规定得太死了,比如出题必须出四种类型,必须给标准答案,标准答案必须具体到给多少分,我觉得文科尤其是商科的东西是没有绝对的对与错的,只要学生说得有理,为什么要给标准答案呢?

问: 可能是觉得有一定的规范有利于管理。

答: 对,但是我觉得还是不够信任大学老师,过于干涉,有时候担心有些老师不负责任。但是随着高校老师的学历越来越高,素质越来越高,我觉得管得太紧,这样反而会影响到老师的创新性,同时也会影响学生的创新性。

问: 您说一开始选择当老师可能有点盲目、偶然,如果重新再让你深思熟虑这个问题,你觉得还会选择教师这个职业吗?

答: 我还是会选择。其实接触久了之后觉得还是蛮好的,就是除了薪酬不高之外,其他都特别完美。比如你在企业里,有可能碰到好的上司和不好的上司,可能会遇到好的顾客和不好的顾客,但是在学校的话,顾客就是自己的学生,每天都跟年轻人打交道,心态会特别放松,上面是没有老板的,其实自己就是自由职业者，就自己管理自己，而且有大量的空闲时间。尤其是有了小孩之后，在企业里请个假是很难的，但高校教师则完全可以自己支配时间。其实，上课、备课也是在提高自己，包括论文以及国家给你的奖励，这些东西是跟着你走的，假如有一天你不想在这所学校呆了，想去别的高校或想出国，这些文章是永远跟着你的，所以说是全部给自己打工。

职称：副教授；

性别：男；

年龄：60岁；

教龄：20年；

学位：学士。

问： 就教师创新的话题请您聊聊感受。

答： 我认为语言上说创新不太切合实际，教学方法只能说改革，不能说创新。看一个学生最终是要看他的开口能力、动手写的能力，听说读写，笔译、口译都能拿得出手，那么教学就成功了。我们开的课若要真正实用、要拔高的话，需要从口译、笔译方面下手。写论文呢，为了职称写论文、做课题，老师的支撑有了，名誉有了，但对学生来说没什么意义。判断一个教师好不好，应该做一个跟踪调查，看他教出来的学生未来的工作怎么样。

问： 您是从事英语教育的，在创新上有什么想法和建议？

答： 第一，在教学方面，目前对慕课还没有重视，仍是传统的写论文之类的，我觉得没有实际效果，学生受益也不大。针对学校提出来的创新，对老师来说申请创新类项目，看相关过程和细则，似乎是非常科学严谨的，但是有个问题，博导、大牌教师，中青年的副教授、讲师、研究生等，我认为创新的主体应该是所有人都动起来的，包括本科生。现在那些大牌教师、博导等，他们申请项目就比较简单，因为有职称的要求。实际上，根据现在学习知识的速度来说，我认为本科生、研究生、讲师层面的老师，他们的知识更新有时会超过高职称的老师。所谓创新的概念不是一气呵成的，是在做的过程中不断产生，并一点点积累，最终形成一个新的概念，然后再不断完善。比如你提出来项目的初衷，等你结题时，可能会发现这个想法存在问题，因此要允许有些理念、计划可以进行修改，但现在的机制是按照计划的内容来考核完成的情况。另外，具有一定创新素质的，就算是研究生提出来的也应该有机会申请。这就打破了职称限制，有很多中青年老师原本很有才，但是没有激励机制，按照顺序评职称，从而被逐渐磨去了棱角。

问：您为什么选择当教师，退休之后有后悔这个选择吗？

答：后悔。我曾经年轻气盛的时候有很多想法但是领导没有重视，后来我就没有了热情。激励政策方面确实对我产生了很多负面影响。我再强调下，现在的条条框框对激励来说是很不够的，完善的激励政策应该能调动广大教师，甚至包括研究生、本科生。实际的中坚力量我认为应该是三十岁到四十多岁，五十岁不到。还有一点，申请项目的人，一年同时申请多个项目，这是有问题的，因为人的精力是有限的，所以带学生做项目最多只能两个，做多了其中肯定有水分。

问：您现在要退休了，那退休金变动大吗？

答：教师退休金是根据职称来的，公务员体系也是这样的。退休之前会多些，因为有职务津贴。基本就是职务津贴＋岗位津贴＋工资。

问：您退休前的年薪是多少？

答：大概 15 万元。如果我退休之后，大概会少 5 万元左右。

职称：讲师；

性别：男；

年龄：35 岁；

教龄：9 年；

学位：硕士。

问：我是偏行政的老师，但是我也有研究项目，包括学科团队，我都在里面。一开始我做辅导员，之后做教务管理，我还承担了本科的课程教学。

答：评职称是不是也受到学历的影响？

问：评职称是这样的，在我们学校如果你是辅导员的话，你可以两条腿走路，也就是可以走行政岗也可以选择专级岗。我当时选的是后者。在我们学校，正高以下包括讲师、副教授，就只看你的学历，还有科研成果。如果你评讲师，刊物的层次可以稍微低一点。

答：那么方便说一下您现在的年薪大概是什么范围吗？

问：因为现在我是正科级，所以我的年薪在十三万元到十五万元。

答：那您所在的学校有没有实行年薪制呢？

问：没有。像我的一个朋友，他就是年薪制。他就可能更有积极性，因为他觉得在给自己干活。

答：访谈的几个实行年薪制的学校，它们的年薪可能比一般学校要高很多，但是考核要求也会更高。您觉得这样对您还会有吸引力吗？

问：当然有吸引力，但是我也会考虑我是否胜任。我觉得若我无法胜任那些高要求，我就不会去选择。比如说要是我是年薪制，就会要我承担很多，如果最终考核时我拿不出成果，我就会觉得自己愧对这些钱，而且也无法跟学校交代。因此，我会量力而行。

答：还有一个想问的是，您评职称的动力是什么？

问：动力的话，第一是加薪，当然不多；第二在高校，我认为职称是一种认可，是自我实现，包括校外交流、校内授课别人都会更认可你。之前出席一个活动，当时介绍我的时候就提到我是讲师，我觉得讲师这个职称很没有面子。如果是教授或者是副教授的话，就会很不一样。还有一个就是待遇，在我们学校，教授会有一间单独的办公室，有专门餐厅、餐补。讲师一个星期坐班答疑大概是三到四次，而教授一个星期是一次。就是说教授承担的比较常规的低水平的工作变少了，使得他们能够从中解放出来，从事更加高级的学术学科的工作；再就是学校比较重大的决策，教授在其中都能参与，他们就会有更大的成就感。

问：刚刚你讲到科研，您进行科研的动力是什么呢？

答：第一是自我提升，因为我要提升自己的学历，而提升学历一般都会有研究水平的提升，这个是必要条件；第二是在工作过程中确实遇到一些问题，我觉得用我所学的知识对其研究，有助于搞清楚这个问题的真正本质，寻找一些解决办法，从而对学院或者学校产生一些实际意义。第三就是对于讲师、教授、副教授而言，每一学期都有自己的考核量，如果不合格，就会扣钱。所以，大家必须重视。还有一个原因，有了这些科研之后，我就可以出去开会，可以和圈内的大牛沟通，这对于我个人的发展也有很大的促进。

问：您觉得要是激励高校教师或者高校人员科研创新，应该怎么做呢？

答：第一，很多老师经常反映时间不够，主要是教学工作量很大，很多行政性的事务，就比方说坐班答疑制度，要求教师没事就必须坐在办公室，但常态却是老师经常仅仅坐在办公室里而没有学生。很多老师反映时间被耽误了，没有时间做研究。第二，分类管理，有的老师适合做研究，而有的老师不适合，所以不要一刀切。

问：您觉得应该实行怎样的分类管理呢？

答：比方说，有的老师申请教学型，那就不要对他进行科研考核；有的老师申请科研型，那就不要给他很多的教学任务。不要一下子一个学期六七门课。分类考核落实不到位，最后奖惩也不到位，导致给不适合做科研的老师分配科研任务他就会很头疼，而原本适合做科研的老师因为奖惩措施不到位，科研任务又完不成。另外，还有一个建议，就是多给老师们提供一些交流的机会，定期组织一些学术交流。因为有了交流，才能有灵感，从而产生源头活水，而有了圈子，才便于老师们的发展。再者就是经费的支持，虽然现在经费浪费很严重，但这个不应该成为削弱经费支持的理由。因为做研究肯定需要经费，只有拥有足够的经费支持，老师们才能去做调研。

问：就刚刚你提到的经费支持，我们通过了解发现，现在很多老师对于财务报账制度有很大的意见，这方面你怎么看？

答：很多项目有三百万元经费支持，有些项目只有三万元经费支持，这么大的差距，因此在这个经费支持上，一定要科学地认证，项目到底需要多少钱。另外，希望在经费支持上制度能宽松一点，既然给老师钱了，具体怎么样使用，希望能有一套合理的标准来判断经费是否合理使用。

问：您能说说为什么选择当老师吗？

答：当老师有几个好处：第一，比较稳定，没有激烈竞争，虽然也有年度考评，但是大部分都没有什么问题；第二，闲暇时间比较多，可以做到家庭与工作的平衡，比方说寒、暑假以及法定节假日加起来，一年大概有一半的时间可以自由支配；第三，有一定的兴趣。但是现在高校教师薪水比较低，这点不太利于吸引一些人才。像我们学校，博士毕业刚招进来一个月也就六七千元，这就导致真正厉害的人才没来。一方面高校真的是很有吸引力，另一方面工资却不高，这对于一些对工资敏感的人而言，就不会来了。

问：你希望基本工资和绩效工资的比重怎样才是比较合适的？

答：我还是希望基本工资固定，绩效工资高一点，因为绩效工资可以体现出老师的贡献和成果。

职称：副教授；

性别：女；

年龄：32 岁；

教龄：6 年；

学位：博士。

问：您薪酬的大致范围方便说吗？

答：去年统计的大概是十四万元。

问：那您除了学校的收入以外，校外还有没有什么收入？

答：目前没有。

问：我想问下，您对年薪制有过了解吗？

答：有些学校有但我没有去了解过。我觉得薪酬应该是和自己的能力匹配吧，那么不管是月薪还是年薪应该是类似的。我认为年薪制是有一定条件和门槛的，或者它适用于某一类型的人才，所以我觉得这只是薪酬的形式，好像不是那么关键。我觉得这不是年薪制和月薪制的区别，这是针对某一类型的人才所采取的更合理的薪酬吧。我是这么理解的。

问：您期望基本工资和绩效工资哪个比例更高一点？

答：基本工资吧。因为我们的工资水平本来就不高，那你说绩效工资都要比基本工资高的话，基本工资才几千块钱，那与我们这种职位的要求不太相符啊，所以我觉得高校教师这种职业应该是一种高固定工资的职业，怎么说呢，固定的工资里面的这个基本工资的比例应该是比较高才对，然后再是绩效工资。但是，实际上你看收入的高低，如果收入高的话就是绩效工资占大头，而我认为对于普通老师来讲应该是基本工资占比较高的比例。

问：您觉得您在发文章、做课题、搞科研甚至是教学方面的创新，主要的动机来源是什么呢？

答：动机来源，我认为第一个应该是事业的兴趣吧，第二个就是绩效奖励。这两种吧，一个是内在的，另一个是外在的物质激励。

问：您现在对于评职称有没有特别强的欲望？

答：有啊，职业生涯的目标啊。这是最重要的吧。这是我职业生涯的目标，这个目标可以带来一些东西，但最重要的是我想要去完成它。

问：如果从学校或者政府层面，哪些可以有效激励老师去创新呢？

答：创新主要指的是科研成绩吗？还有教学啊，这些都算。就是有个价值导向，但是最明显、最直接的就是跟绩效关联起来。这个比较有效，不管科研还是教学。给你举个小例子，比如两三年前，我们其实不太讲教学创新，直到两年前提出本科教学的激励计划以后，整个学校就会实施答疑，申请教学类的项目，诸如此类吧。你会发现从学校到学院，指向就开始有变化了。所以，我觉得这还是一个最有效、最直接、最快速的激励方式。因为激励我觉得主要还是外在的，至于内在的就另当别论了。

问：那您自己在创新的过程中有没有遇到一些比较明显的需要改善的地方，比如说上课、发论文之类的？

答：会啊，这些都是连在一起的，比如你申请了一个科研项目，想要完成它就肯定要有成果出来，而成果出来了绩效才会高，或者申请了科研项目以后，你今年的考核就会更好，自然薪酬就会更高一些，也就有奖金了。我想以后应该有一些物质激励，作为奖励也好还是什么也好。另外，在这个过程中可以提高自己，有些项目可以带学生做研究，可能还会有科研论文。

职称：教授；
性别：女；
年龄：48 岁；
教龄：19 年；
学位：博士。

问：我们研究的主题是关于薪酬的，所以得问一下薪酬。先说一下您为什么当老师吧。

答：我是中间工作过一段时间，因为当时是考研结束以后，停了一年，就想着要不试着先工作，然后再考虑是否继续读。之后，我就继续读了，就一直读到博士毕业才出来工作的。实际上，当时是觉得第一自己年龄也不小了，第二高校这种工作可能更好一点，在家庭方面可以付出更多一些，所以后来选择当老师。

问：那您觉得当老师有什么好处呢？

答：当老师确实是能够相对自由一些，不像企业员工那样朝九晚五，时间约束得厉害。虽然，我们双休日和寒暑假实际上也都在忙工作，但是最起码是居家办公，时间可以掌控，也方便我们带小孩呀。

问：您的年薪大概范围是多少？

答：我的年薪大约二三十万元。因为我们有面向国内外招生的专业专硕，这些都是创收的来源，创收的收入要占到教师总收入的 60%。

问：你们奖金是怎么划分的？

答：科研奖励有就有，没有就没有，这个不平均化。在 A 类刊物上发多少文章就给你补多少。这个就是提前给你将规则制定好了。教学也是，比如说带的学生的论文被评为优秀毕业论文，这些都有奖励的。

问：这是你们学院自己定的规则？

答：我们每年教代会的时候都会重新评这个，届时通过了就执行。

问：那你们差不多级别的教授之间收入差距大不大？

答：应该不算大。实际上现在就是一个工龄问题，是工龄上面的差别，其他没什么差别。

问：如果算上这些科研奖励呢？

答：那这个就比较难计算了，因为同样是教授，有的很出东西，有的不怎么出东西，这个就没有办法算了。比如，我今年拿了国家社科项目，那我今年奖励肯定比去年拿的多。如果一个老师连续几年没有课题的话，那科研奖励就可能很少。因为很多年轻教师刚刚进来，正是发论文的好时候，就会激励、鼓励他们多发文章。

问：发文章也是一种创新，这个动力源于哪里？为什么要不停发文章、申请课题呢？

答：实际上就是做了这一行以后，一方面自己关注相关的内容会更加多一些，而且自己在这一研究领域也会逐渐有自己的看法，那让自己的看法以论文的形式呈现出来；另一方面，在职称上面，学校这边会给自己一个认可。这大概就是动力吧。

问：你们学校是怎么定位的？是教学研究型还是研究教学型？

答：应该是教学研究型。首先，教学这块我们比以前抓得更紧了，以前在职称方面教学这块的作用体现得不是很多，但是现在我们有了教学型教授和教学型副教授，这条道给打通了。其次，我们在教授评估的过程中，对于教学这部分也有要求了。目前，有一个教学激励计划，要求我们坐班答疑，自习辅导答疑，还要求我们开展各种各样的教学竞赛、微视频、慕课等，从学院到学校层面都在做这些课程。所以，实际上可能在教学方面的投入加大了，而我们教师在这方面的压力也比以往重了。

问：您现在，已获得了认可，职称也评到头了，那么创新的动力在哪？

答：实际上如果我是普通教授，只要满足普通要求即可，因为年龄也大了，但我是学科负责人，学院说，我个人的特殊性就在于我是年轻教授，38岁的时候评的教授，自然学院就会把一些事情交给你。还有一个就是如果我领头做这件事情，并组织人员，那我肯定要带领博士生一起组成团队做这件事情。

问：那您做这个兴趣方面占多少比重？

答：兴趣是老早就定了。你选择了这条路，后来就成了一种惯性，不再考虑兴趣的问题了。

问：那您现在觉得压力大吗？

答：压力肯定是有的。有报课题要完成的压力，还有就是在完成课题的过程中科研的压力。我心里有点不平衡的地方在于，我们学校实际上规模挺大的，年轻博士不少，硕士点很多，但博士点一直申请不下来。我的一些同学早就是博士生导师了。

问：你觉得评职称有多大程度上是想要钱多一点？为了收入提高来评职称？

答：就我个人来看，没有觉得这是一个十分重要的要素。为什么呢？首先，人肯定都是想往上走的，无论钱增加多少。其次，钱不会增加多少，这个吸引力是有限的。很多老讲师，早就不考虑这个问题了。他们在外面有很多挣钱的门路，没必要靠评职称来挣钱。实际上拼命竞争职称的大多是年轻老师，一定要往上冲。像有些学校采取末位淘汰，你不上就得走，这使得你非上不行。实际上升职称就是几年的时间，在那个时间往上冲，冲不动就麻烦了。先毕业的博士几年之内必须往上冲，否则就会落到后面去了。新进人员层出不穷，机会稍纵即逝。

问：您觉得现在学校里的制度，哪些方面应该改一改，从而可以使我们老师更有热情去做科研？

答：比如，像我们学校这种科研考核和科研激励，实际上是相对受众面比较小。例如，发论文奖励，规定 A，B 类刊就有奖励，C 类刊奖励很少，D 类刊就没有奖励，但是 A，B 类刊每个学科就定了几种而已，非常少。大家都急着往那上面发，能发的人毕竟有限，所以说这种比较狭窄的激励机制，可能不利于调动教师的积极性。因为我努力了可能就是发不了那几大类期刊，那么我可能就会觉得差距有点大。这是一个奖励机制的问题。另外，就现有的人员来讲，我们的本科生比较多，硕士点也比较多，设了好多硕士点，这样老师的教学工作量就会比较多，因此科研时间的投入相对就会少。其实，对于新进单位的博士来说，最重要的就是发论文，但是让他们带新课，就会花很多时间。所以，他们没有很多时间用在科研上面，对他们来讲，科研的压力就已经很大了。感觉学校里面很多资源也没有充分给到年轻老师，很多项目有基础的人基本都拿走了。实际上，很多项目没有太多地支持基础薄弱的人。

问：如果让您重新选择，您还会当老师吗？

答：不会。实际上谁都想成为专家，只要工作时间较长，在慢慢处理工作问题的过程当中，都能成为专家。但是学校的这些问题呢，就是培养人才的成就感不如在实际工作当中得到的成绩感来得更加充实。自己感觉是这样。

职称:教授;
性别:女;
年龄:58 岁;
教龄:25 年;
学位:博士。

问: 您之前在企业做过,而且做得很好,为什么要当老师呢?

答: 我们当时本科就可以留校,但是社会多丰富啊,我就想出去看看,差不多在企业做了 4 年,发现知识不够,就去学习了。学完之后很多因素,当时我的男朋友刚好在读博士,就想着试一试投简历到学校,最后就被招了进来。

问: 作为老师,您感觉工作压力大吗?

答: 早些时候没有科研、课题这些要求,我是自己给自己压力。当时和我年龄差不多的老师,他们已经做了四五年了。我觉得自己很落伍,我从来都没有做过老师,所以我就很努力。自己给自己任务,开始写论文。我做这些呢,还有一个是受家庭的影响,因为我先生当时读博士,他一直在做研究。另外是我有兴趣。1996 年,我升到副教授,2001 年升到正教授,之后就越做越开心。我觉得人的欲望不能太多,我现在就几个想法:一是科研这条路要做好,既满足了自己的成就感,也是为学院做贡献,还有就是为学生;二是生活要有品质;三是要持续学习新东西。

问: 我访问过的其他老师,他们都表示科研压力很大,不是很开心。

答: 我不知道他们为什么不开心,我觉得应该开心。首先教师这个职业是人类灵魂的工程师,多美好。其次,我每年都有新朋友。第三,我累积下来的成果很多,是永久的,学生也会经常和你分享。所以,我觉得这个职业是很幸福的。问题是你得到了很多,你又付出了什么,我总是这样对比。我觉得我付出的很少很少,但是得到了很多很多。

问: 有的老师说工资太低了。

答: 我觉得工资好多,几十万元。我有听我的同事说他的工资少、不够用,因为他们有的人总是和外面的企业高管对比。

问: 那您觉得现在高校的科研政策有利于促进老师做科研吗?

答: 政策肯定是必要的,但是也有局限性,有政策的话会激励老师创新,没有的话就会养一大堆"懒汉"。有政策的话还可以促使这些"懒汉"起来动一动,所以这是必须的。

问: 那您觉得现在大家的科研创新怎样?

答：每个人都不一样。我现在是兴趣导向和情怀导向产生的热情，之前是任务导向。可以自由选择自己喜欢的东西。一方面，为学生和学科，另一方面也为单位。

职称：讲师；
性别：男；
年龄：52 岁；
教龄：30 年；
学位：硕士。

问：麻烦您先介绍一下您的专业和职称。

答：我的专业是汽修服务工程，我现在是既上课又带学生做实验，所以我可以讲一下上课情况和实验情况。我的职称是中级职称。

问：那既上课又带实验的话，工作量是如何计算的呢？

答：现在实验室是每个学期 0.5 个绩点，带实验的话就相当于上课一半的学时量。比如说上课是 90 个学时，那么实验就是 45 个学时。说实话，现在所有的工作量对于我是没有什么压力了，主要是对于年轻人会有压力。我认为对他们来说，收入是比较低的。

问：您现在的收入是在什么范围？

答：我前两年工资是十二三万元，我教学量不少，而且我有三十年教龄。好的项目是纵向项目，但报销又有很严格的要求，许多老师说这是赚名气，对于收入补贴作用不大。我认为可能还是要看专业，有些专业薪酬很高。中青年教师是真的压力大，不少人经济上还需要父母支持。

问：那如果学校有一定自主权的情况下，您觉得可以从哪些方面来做呢？

答：我觉得学校应该提高课时费。

问：您当时为什么会选择当老师呢？

答：我是因为父母是老师。这个是家族传承，没办法。我一直在我爸妈教书的学校读书，我觉得挺好啊。但我做老师以后一直不求上进，因为升职需要精力，我面对的大多是大三大四的学生，我把自己的手头工作做好就很负责了。我可以说是我们专业的骨干了，我一个人建设了这个实验室，所以我并没有觉得自己职称低就抬不起头，我觉得我自己做好本职工作就好了，对得起自己。我今年 52 岁了，其实在我年轻的时候，确实应该考虑一下职称问题，但是当时没有，等我想起来要考虑这个问题的时候，我已经年纪大了。

问：可能环境不一样，现在这个时候没有博士学位是进入不了高校的。

答：对，就是说每个时代的要求都不一样。过去本科生都可以进入高校的。我觉得薪酬体系改革，应该多去问问中青年教师，他们现在是压力最大的。实际上我们这一代是最幸运的，正好是改革开放受益的一代。如果学校可以的话，应该多给中青年教师一点帮助，特别是对于年轻老师，应该多带带他们。

问：那您一开始就没有做研究的打算吗？

答：我当时到了大学以后就是一直上课，因为我父母给我的印象就是一直上课，从没给我们讲过职称的事情，我自己就觉得好像是无所谓。当然，到了现在还是感觉有点距离。若你是教授，就会感觉别人对你很尊重；若你不是教授，出去总会感觉到有一点差别对待。但是，有时候想一想名和利好像都不会那么在意，尤其是岁数大了。

问：上课多了就没时间做研究了是吗？

答：因为很多老师为了升职称就去保科研，上课就只是一个基本要求，他们也只是上一下课。这样的话，教学质量就成了问题，学生现在对于教学也不是很满意。那么，怎样提高课时费，让他们安心教学，这个问题很重要。我觉得科研压力是要有的，但是不能让他们忽略教学，应该根据专业特点，而不能一刀切。因为不同专业是不一样的。如果有硬性要求，就会让老师花费很多时间去申请。还是应该根据行业和专业特点来提出合理的要求。

问：那您觉得老师的科研压力来自哪些方面？

答：我觉得现在很多高校老师很少弄实验，大部分都是纯理论的，这是一个问题。这种方式会影响课题质量，因为理论只能做虚拟仿真的分析，而缺乏验证。如果他们一直弄这种虚拟的，肯定是不利于他们未来发展的。就工科而言，我认为实验室老师和理论课老师应该结合到一起。

问：那您觉得学校对于老师的考核这一块合不合理？

答：我们分教学、科研和教学-科研三档。如果这个人专门搞科研，你就不要给他安排课时，让他用科研经费来补贴课时费，就相当于自己交钱。交的这个钱就给那些纯教学的老师，这样就能各取所需。那些搞科研的老师，他们做的大部分的事情就是带学生做课题，这比那些教学型老师来带的话，效果更好。因为他们跟企业有很多直接关系的。而纯教学的老师出的课题大多都是虚的，跟实践脱节。

问：有些老师科研创新如果做得好的话，您觉得他们的创新可以表现在哪些方面呢?

答: 我觉得就是教学加科研。要创新,闭门造车是不行的,必须将理论和实践结合在一起。目前,相关内容的研究发展的情况都必须清楚,同时将教学和科研结合到一起的老师才是最好的。因为过去对于科研的压力不是那么大的,像我这种很少做科研的老师,科研能力就会退化。所以,如果强调创新能力的话,那么教学必须同时抓起来。

问: 那如果学校和政府鼓励创新的话,应该怎么做?

答: 我认为创新不是单靠鼓励就能实现的,创新必须是一个人从内心就有这种想法,才会去创新,光靠逼是逼不出来的。他们肯定是自己有这种需求,即使遇到任何困难,都会坚持下去。如果能够受到社会认可,自己肯定会加大创新。如果你的创新不被社会认可,那么即使再鼓励,都不行的。所谓创新,肯定是要得到社会的认可才行。还有专利法会对其进行保护,学校也应该去保护老师的科研专利。这就是对搞科研的人的最好保护。学校最好有这样一个机构来负责相关事宜,老师只要专心科研就好。

职称:副教授;
性别:男;
年龄:39 岁;
教龄:10 年;
学位:博士。

问: 我想问您一下关于科研的压力和动力的一些问题。

答: 这是两个问题。动力的话,是老师层面对吧。就老师层面而言,体现在老师对于本领域的热情。如果本身没有,那就需要外在的一些奖励去支持。如果内生比较喜欢,再加上外部的一些刺激,那是最好的。

问: 您觉得这个压力一般来自哪些方面呢?

答: 压力很明显来自外部,如年度考核、聘期考核。我觉得这个应该因人而异,不同学院应该不一样,因地制宜。像材料学院的论文就好发一些,而工程学院发 SCI 就比较难。否则的话,就有一些学院的老师觉得很简单,有些学院的老师会觉得很难,所以一刀切这种方式肯定是不合理、不科学的。

问: 我想问一下,评职称的前后,就您而言这种压力会不会有所变化?

答: 还好,基本上没有太大变化。因为本身这种就是和你的成果相辅相成的。并不像考大学是一锤子买卖,压力突然爆发,这个没有那么明显。

问：我想问您一下科研热情来自哪里呢？是内在的喜欢吗？

答：我自己是比较喜欢科研的。因为我受到了家长(高中期间)以及硕导(研究生期间)的认可，总的来说，是不错的。

问：您觉得对于您的学生能够怎样去提高他们的科研热情呢？

答：目前，我们团队其实对于这块做得不够好，我们对于研究生的意见不够尊重，一般是强制给他们一个课题、一个方向。

问：您觉得现在阻碍教师创新的因素主要有哪些？

答：这个问题非常好，如果从教学层面来说的话，就是理论创新以及教学方法的创新；如果从科研层面来说的话，偏向于应用方法的创新。因为你说创新就是在创新吗，真的很难讲。你如果能够评判一个东西是创新的，首先你对于这个领域得有很全面的把握，你才能去评价，否则的话是很不负责任的。我觉得创新评价委员会的人员应该具有很高的资历，对于某专业、某领域的理解应该要有很高的深度。以一个群体智慧的角度去进行评判，可能会更加合理一些。

问：有的人会有热情甚至是激情来做科研，您的热情源于哪里？

答：其实这跟家庭背景有关，我父亲是做电机的，从小就会跟我讲这些东西，所以我后来学的是机电。家庭教育以及父母职业，这些都会对自己有影响，然后你会在某个领域找到一种责任感和使命感。还有一种可能是你自己喜欢某个老师的课，就会听从他们的建议。

问：您觉得创新如果从政府、学校角度来讲的话，哪些方面可以激励老师创新呢？

答：我觉得激励创新还是次要的，构建创新的土壤和环境才是最主要的。绩效、绩点，靠这种外在的刺激都是隔靴搔痒。

问：那您评职称的动机是什么？

答：现在教授都是六年一任期，就是说六年之内，你必须要有动机。

问：您在这个过程当中，有受到薪酬的影响吗？

答：其实都是差不多的。这个渴望很小。

职称：副教授；

性别：女；

年龄：48 岁；

教龄：18 年；

学位:博士。

问: 你们学校实行了年薪制,能否介绍一下你们年薪制是怎么规定的?

答: 年薪制就是定一个标准,然后平时发年薪的60%,年底进行考核,看目标有没有完成。完成了就把年薪剩余的40%都发给你,没有完成就要扣钱,超额完成的部分按照比例给你奖励。

问: 实行年薪制以后教师的收入是增加了还是减少了呢?

答: 说实话,我不是太了解,尤其是工资。我所理解的年薪制就是责权利。我就觉得要求应该降低一点,因为老师实在是太辛苦了。我们老师都说不管工资如何,只要压力小一点,因为岗位聘任制、年薪制,还有一个就是考核制,三种制度齐下。你们的研究可能考虑薪酬的问题,但是对于高校老师来讲,还有一个就是老师的个人学术发展。很多留在高校的人,留校的时候,他是想着发展,而不是奔着钱去的。

问: 那像您这样资历的副教授,年薪大概在什么范围呢?

答: 就十多万元吧。我年薪不高,不具有代表性。一般在15万~20万元。其实,20万元都很少,对于新进的老师,它是保证你在20万元以上。很多副教授工资是很低的,都是12万~15万元。

问: 那您是希望基本工资高一点还是绩效工资高一点?

答: 我对于工资没有需求,我只希望工作量少一点。我自己主观上不想做了,我家里人非要我做,他们都不知道我压力有多大。我现在每天就只能睡五个多小时。

问: 要是考核不合格,除了扣钱还会怎样呢?

答: 那你就必须离职了,这是岗位考核。岗位考核里面又分了很多种,比如说像我这样在学校待了很多年的,就不会被开除。新人新办法,老人老办法,这些我也是听说的。考核分四个类别:优秀、合格、基本合格、不合格。如果基本合格,还有一年考核期。如果不合格,直接降一级或者去学校找一些行政职位。我们是三年考核一次,那么相当于每年三分之一的人考核,15%的淘汰率。你知道现在薪酬对于我来讲已经不是主要矛盾了,我现在的想法就是我只要以副教授的身份退休,就已经很成功了。

问: 刚刚您说你们有分教学岗、教学科研岗和纯科研岗。

答: 我就是教学科研岗。因为教学岗人数很少,很吃香的。像科研岗,对于研究要求就很高。

问: 那新进员工压力应该很大吧?

答: 是的。我们压力也非常大。

问: 现在要是回过头来想,为什么当老师呢?

答: 当老师主要是想做一些自己喜欢的事情,我比较喜欢教学。

问: 如果还有选择,您还愿意当老师吗?

答: 不愿意。如果重新选择,我一定不当老师。压力太大了,我有的时候组会开到晚上九点,走的时候实验室有很多灯是亮着的。很多男老师周末都来,就怕被淘汰。像我们系里之前有很多从日本回来的博士,都去做教务了。

问: 现行的制度会不会促使大家不停地创新呢?

答: 多少会有点作用,但是代价是惨重的,我们的身体或多或少都有点问题。像我这样读书时成绩好有什么用,累得要死,钱却不多,关键是打击自信心,在高校里面就没有自信心。

问: 你们学校教师的离职率高吗?那为什么这些老师不出去呢?

答: 这就是我要跟你讲的,因为你在学校里面受到了很大打击,你就会觉得自己很不行,你天天受到全方位打压,但是旁边的人会说,你出去能干什么呢?其实大家学习能力都很强的,大家都是自我激励性的,但大家也都好面子。

问: 那您现在怎么分配时间,就是教学和科研的时间。

答: 我自己比较特殊,我喜欢授课,但是大部分比较理性的老师都会花最少的时间在教学上,只要完成要求。

问: 你们现在团队合作情况怎么样?

答: 团队就是大家一起做项目。但现在考核个人就是必须是项目主持,你排第二都不算。所以,现在我都自己去接项目,自己去主持。老师要成为全能的,你要会谈项目,还要会财务,会人力资源,会宣传,会写文章。

职称:副教授;

性别:男;

年龄:50 岁;

教龄:27 年;

学位:博士。

问: 您的课很受学生欢迎。

答: 我对于上课特别感兴趣,尤其是学生有回应,我就特别开心。科研上有太多的压力,都会被我用太极拳来转化。我算是比较另类、自我和开心的老师了。我刚给 MBA 学生上课的时候也是比较紧张的。期间比较有挫折感的时候，就是自己说话不接地气，后来积累了若干年，企业咨询也做过，再后来就比较好了。

问： 想知道这个压力和热情之间是如何转化的。就是有一些什么样的特殊的心理机制。

答： 这是一个很有趣的话题，因为我自己也在琢磨，我觉得对我而言，学生的肯定，还有就是在教学过程中我感受到的快乐，这些对于我的激励更大。我想这跟每个人童年经历应该有一定关系。实际上大多数人都是活在别人的期待中，如你父母的、社会圈子的、工作领域的期待等。而另一类人，他们就会更加在意自我的认可，这就是做科研的动力、教学的动力。像我这样的，就是因为内在驱动力。

问： 除了学生认可，那有没有学院口碑、同事口碑、领导认可呢？

答： 这个影响还是很大的。所谓影响很大，就是在某一方面自己还是希望得到各方认可的。领导是按照学院绩效目标来考核，他不会仅仅根据学生认可你就决定考核结果，你还是得拿出东西来。对我来说，还是慢慢积累。我的兴趣比我要实现那个目标更重要，若我积累到那个程度，该上就上。

问： 那您觉得这跟年龄有关系吗？

答： 有关系。我不到这个年龄，我是感受不到的。实际上我更大的乐趣是能够观察社会变化，并且我能加一把力。实际上这是一个社区利益相关者的一个互动。我做这些事情，也没有发文章。就是因为自己喜欢。

问： 您觉得这个兴趣和压力之间是怎样的关系？

答： 压力和兴趣之间就是天平的两边，是此起彼伏的，比方说你的兴趣足够强，你是可以抵抗那个压力的；你的兴趣不够强的话，你就会屈从于压力。

问： 那您觉得您从讲师评上副教授对于你的一些工作热情或者压力有影响吗？

答： 我评上副教授以后更放松了，我更加愿意做自己的事情了。评职称前自己还是想要评个教授，但是上课的热情还是一直有。若我没有评上，说不定我会更加专注于教学，目标就是做一个名师。

问： 还有一个问题，您觉得教学的创新能用什么衡量呢？

答： 如果是教学方面的创新，我觉得学校的绩效考核就很阻碍。现在学校的考核就是你一个人完成了多少课程，或者说你一个人做了多少教学的改进。但是，实际上现在互联网时代下，我们上课的方式已经发生了很大变化，你靠一个人去做已经不行了，而是需要几个老师合作带学生。实际上如果能够鼓励老师共同来做，可以把这个课程做得更好，但是现在的绩效激励就没有这样一个机会。这就需要教学变通以及老师之间的合作。

问：那说到这个如果需要激励高校创新行为，薪酬方面应该怎样改革？

答：激励内容可以这样评估。假如你是以科研为主，按你的学术论文就是A+；如果说你是强调社会影响力，发报刊文章那也可以；如果你强调教学，就看你的教学视频在网上的影响力。把这些都综合起来，那还是可以的。我相信各有各的兴趣，如果在发展过程中，能够把团队结合起来就会更好了。实际上，我觉得不管是薪酬激励还是职称激励都是需要的。

问：您对现在的薪酬满意吗？

答：我对这个好像没什么感觉，因为基本上不缺什么，所以没啥压力。年轻老师压力比较大，因为要买房子，我年龄比较大，所以感受不到什么压力。

问：您一天大概百分之多少用在科研，百分之多少用在教学？

答：一天60%～70%的时间用于教学，科研上花费的时间很少。

职称：教授；

性别：男；

年龄：57岁；

教龄：30年；

学位：博士。

问：您当时为什么会选择留在高校做科研？

答：主要可能有几个原因：一个是当时跟我导师有关系，因为我导师是做学问的，所以他当时不让我从政。其实我当时原本是想从政的，后来他不让我从政，他叫我搞研究，这是第一个原因。第二个原因跟自己的性格可能有点关系，我喜欢思考一些问题。就是看到某些观点，可能认为不是很准确的话，就喜欢探索一下。

问：这个是从小都这样吗？

答：这倒不一定，这个是从我读研究生开始的，我发现自己对专业还是很感兴趣的。因为我原来学习的专业是经济地理，所以跟区域经济有关系。有时看到很多违背经济发展规律的现象，我就产生了研究兴趣。而且在参加了很多课题之后，发现这个专业还是有点用的，能够提出一些很好的决议，如果能够被国家所采纳的话就最好了。

问：当研究成果变成现实后，您会很有成就感吗？

答：包括这两年上海的2040规划，后来改成2035规划，当时我有提出几点建议，其中有的被采纳了。现在上海生态空间的这个规划，当时只有 160 个公园，到 2020 年规划达到 300 多个，这个意见是听进去了，所以这让我还是有点成就感的。这也是激励我们做学问的一个驱动力。当然肯定也还有建议没有被采纳的。

问：您都已经是教授了，那您现在做科研的动力又是什么？

答：我实际上是签了终身合同的，就是说为什么还要有动力，因为我还是有一个目标的。从我 1985 年读研究生到 2015 年这 30 年的时光，我说我这 30 年可能白过了。为什么？我想 30 年前，我是带着要探寻中国经济发展规律的这个梦想来从事我的研究的，但是 30 年后我好像还没找到这个规律，所以后来从 2015 年起我就开始研究国际大都市。我想在国际大都市的这个发展里头，能不能找到一些规律性的东西，这也是支撑我这 30 多年走过来的这个动力。我还是有这个理想的。另外，我发表的文章，有 100 多篇是被核心期刊收录，100 多篇是被 A 类期刊收录，这个成就一般的人也很难达到，不是所有人都能超越的，对吧？

问：那您是不是大多数时间都是在做科研？

答：我没有分心，也没有从政，也没有想到去赚钱，因为我是一心做学术的，而且有 30 多年的坚持，如果没有这个坚持，是很难做到的。我从 48 岁左右开始，又立了一个新目标：我每年要在国际期刊上发表 1 篇论文。其实我可以不要这个目标的是吧？但是我就是说做学问还是很有意义的，我还要挑战自我，我当时想最后的十来年，我再冲击一下国际学术，我看我还有没有这个潜力，能不能迈进国际学术领域去。因为我没有出过国，我没有留过学。这是我当时的一个缺失，在我 60 岁之前这个十来年，我立下了这个目标，并且现在还是坚持这个目标，基本上还是超额完成的。

问：那像您这么多科研成就，当时评职称从讲师到副教授到教授，这个过程中也是很轻松的吧？这个从来就没有成为您的压力是吗？

答：对，职称、住房这些我都没压力。

问：这些也不会对您起到激励？

答：这些没有成为我的激励，我是挑战自己，自己给自己压力。因为我是中科院的硕士和博士，我要对得起母校中科院的这个称号。另外，我的导师在我们领域是“大牛”，所以我也要对得起我的导师，他当时没有让我从政，他让我做学问。

问：您的导师可能看到了您的潜质。

答： 对，后来我导师过世之后，我去看我师母，她就是这么跟我说的。当时为什么不让我从政，导师还是觉得我在学术上是有潜力的，在他所有的学生里头，他对我还是最期盼的。

问： 您觉得对于科研的热情是可以培养的嘛？

答： 我认为科研的热情是可以培养的，但是首先是自己要有兴趣，再看这个专业，你如果不热爱这个方向，是很难在这里做出成绩的。其次，你要有好奇心，要有批判思维。要挑战权威，不要屈从，去追求你自己认为是正确的。第三，如果你选定一个目标，就是沿着这个目标一直走下去，不要三心二意。我在大学期间首先培养了自学能力，那时没有老师的指导，是我自己在摸索的。反观那时我效率还是比较高的，我并不是工作狂，我每个礼拜看一场电影的。

问： 您还是坚持每天来办公室？

答： 对，但是我效率还是比较高的，我不太做无用功，我做事非常专注。另外，因为我看准的题目基本上都是比较新的，所以一般我写出来文章就能够发表。再就是积累，重视调研，能从实际中去发现需要解决的问题。

职称：教授；

性别：女；

年龄：50 岁；

教龄：23 年；

学位：博士。

问： 能请您首先自我介绍一下吗？

答： 我是人文学院的中文教师，我的职称是教授。我教授的主要是大学语文、写作和人文素质科目。

问： 您当时为什么选择教师这个行业呢？

答： 选择这个行业应该说是受家庭的影响、受父母的影响，因为我们家很多人都是在学校里面当老师的。另外，当老师还有两个假期，这也是很多人梦寐以求的吧。教师这个职业工作稳定，社会地位高。

问： 那看来您还挺喜欢这个职业的，现在感觉怎么样？

答： 现在感觉也是喜欢的，但是工作压力也是蛮大的，略带一点使命感吧，就像你们研究薪酬问题，可能每个学校薪酬的情况都不一样。除了国家规定的财政的那一块，跟同类高校老师相比的话，我们学校是偏低的。

问：那你们薪资水平大概是多少？

答：我们学校的讲师年薪是算上奖金、课时费，再加上国家财政那一块大概七八万元。如果是副教授，年薪大概在十一二万元，教授大概在十三四万元。我们学校定的基本工资方案是说平均水平在 11.2 万～12.8 万元。

问：那你知道这些薪酬大概是由哪些部分构成的吗？

答：国家财政这一块、岗位工资、基本工资、教龄津贴，还有一个不太清楚。因为现在不太关注，我们分两块，一个是固定的基础工资，还有一个是变动的绩效工资，比如说根据年终考核，A 类绩效工资就多一点，C 类绩效工资会少一点，大概一两万元奖励。另外，还有就是科研奖、课时费等。

问：那您知道您的基本工资占比的大概数吗？

答：你说财政给的占基本工资多少对吧，差不多一半，只要我完成了基本工作量。不过绩效还是波动的，比如，我愿意周一到周五都上课，那我的绩效工资就会高于基本工资。这些都是相对的，再比如我们要完成八个课时的基础量，只要完成了这个，一般都是五五开。

问：如果可以选择的话，您希望工资里基本工资占比大，还是绩效工资占比大？

答：说实话，我肯定选择基本工资比例大一点。如果选择多一点，我当然希望两块都多一点。基本工资稳定，对于我们这个年龄的人来说就不想有太大的压力。例如，你少上课就会影响绩效工资，像我们这个年纪当然希望少上课，多拿工资。

问：那您方便说一下对于高校年薪制的看法吗？

答：像我以前读书的那个学校，正教授年薪可以拿到 60 万元。我们学校准备从国外引进一批海归，比如说有项目、有研究的，我们准备从这个行业中招一些有影响力的人，给出年薪 20 万元。不过 20 万元太少了。

问：那您希望实行年薪制吗？

答：我还是不太赞成年薪制，如果是给你一个任务，那既定目标压力要很大的。我宁愿不要年薪制。

问：您现在已经是教授了，在您从讲师到副教授再到教授的这个过程中，是什么激励着您一直上升呢？

答：我属于专业技术人员，因为不想走仕途，就必须在学术上有所作为，光嘴上讲是不行的，所以就要有职称。这个职称也是对于我们最典型的一个外在认可，我就觉得是这个激励了我。另外，职称越高收入也会越高，尤其是退休以后，正高和副高差距更加明显。

问：现在您每天花在学术研究、论文上的时间多吗？

答：很多。如果平均的话，一天大概十个小时。

问：您觉得高校老师创新的动机是什么？

答：我先说一下学校，就是精神奖励和物质奖励，给老师一定的报酬或者发个证书，老师都是希望名利双收的。那学校就制定一些好的科研制度，多给老师一点劳务费。另外，我觉得老师应该多动脑去搞课题研究，而不是费神去弄报销。就因为报销这个事，我都不想再申请课题了。

职称：教授；

性别：男；

年龄：63 岁；

教龄：33 年；

学位：博士。

问：请简单介绍一下您如何走上科研道路的。

答：我年轻的时候就喜欢做一些科研项目，当时毕业之后就留校了，因工作需要我被调去做党政工作，后来国家希望派遣一部分有学生工作经验的老师到国外工作，我有幸被选中了。我的导师对我影响很大，他是一位很受人尊敬的老先生，他把我领进了科研大门，奠定了我做科研的基础，他经常跟我探讨问题，也进一步激发了我的科研热情。

问：是什么支撑您一直从事科研工作？

答：做科研很多年了，已经形成了一种习惯。我天天闲在家里很无聊，我们跟中青年科研教师不一样，我们已经没有考核指标了，我现在主要是做自己感兴趣的科研项目，我喜欢关注世界热点问题，关注对社会有价值的事。我们为浙江的一个市做了一个产业规划项目，研究报告提出当地产业国际化需要关注中美关系、中西关系，不仅要关注贸易问题，更要警惕美国的政治打压。果然发生了中美贸易摩擦，他们觉得我很有前瞻性，给了我极大的认可，我很开心。

问：您觉得现在的科研环境怎么样？

答：我国从 2011 年之后开始重视科研、重视文章发表，但是当时我做科研的黄金时间已经过去了，所以成就不多。现在年轻老师基础比较好，不仅有比较扎实的知识基础，还有更多的科研资源、科研平台来做事。但是，现在社会竞争压力比较大，功利主义强一点，年轻教师中有些比较浮躁。

问: 您觉得科研热情可以培养吗?

答: 人都有好奇心、求知欲,但是人和人之间也存在差异性,有的人探索欲强一点。但是当前的考核机制太苛刻了,容易挫伤一个人的积极性。

职称:教授;

性别:男;

年龄:51 岁;

教龄:26 年;

学位:博士。

问: 您觉得当老师比较适合您?

答: 我是一个特别不喜欢求人的人,特别不喜欢被领导随便拨来拨去,而当老师一般把自己的事情做好,还是可以的。有时候在行政部门看见那些小青年被呼来唤去的,想想自己还是很庆幸的,我没有到行政部门去。当老师我就是觉得比较安静、比较自由。

问: 您有很多课题,不停做科研的动力是什么?

答: 因为我们有申请课题做呀,我带了硕士、博士,不做课题的话,他们也毕不了业。还有就是我们是很有责任感的,课题申请下来了就要好好做,做不好会上黑名单的,以后申请课题就会很麻烦。高校老师本来就是要做研究啊,不干这个干什么呢?另外,我们一年一小考核,三年一大考核,这都属于要完成的任务。没课题的话,学生出去调研发问卷的版面费都得自己拿工资出,除此之外还要给学生适当补助一点劳务费,有课题才能付得出劳务费。

问: 你自己有兴趣吗?

答: 我觉得我这个人没特定的兴趣,但兴趣又很广泛——想做的事很多,但有时候不一定能做。所以,我现在能干什么就干什么,好好干,既然干了就干好,干好的过程中就慢慢有了兴趣。教学研究有个好处是每天做的事情是不一样的。研究的课题每个都不同,课题交流过程中对个人也会有提升。什么事情干起来了就有兴趣,不像小时候不感兴趣就不干了,工作是有责任在里面的。

问: 您现在的薪酬是在什么范围?

答: 我从不关心这些事情,大概 20 多万或 30 万元?

问: 您觉得教授的收入和自己的付出对等吗?

答: 我们这一部分人应该是对社会的贡献比社会对我们的回报大,但我觉得这是应该的。按照我加班的投入回报比来算还是低了点，但我觉得不应该这样算。我们是加班的，但是没按加班工资给我们付钱，我们加班加多久学校从来不过问。

问：您每天工作多少小时？教学和科研您投入时间的百分比大概是怎样的？

答：十几个小时总是要有的。我们这个教学实际上不好说，我的教学对象主要是研究生，本科生的课实际上我不喜欢上，但是教育部要求必须要上。我一般一学期3～4门课。给硕士生、博士生上课要准备的，你说这是研究还是教学，实际上很难分得清，现在给博士生讲课的内容就是现在研究的课题啊。这学期光给硕士生上课就有两天，一周算下来的话有三天的时间花在上课上。

问：如果想要让老师们多创新的话，应该有些什么激励方法？

答：我觉得要允许承认学校老师的成果。比如教授这个层次其实已经不仅仅是上课和发文章了，他们有很多的经验，在社会上可以做很多咨询的，例如给企业和政府做咨询，他们本身也可以办企业了，但是现在感觉这方面政策还是不明朗。另外，接了课题，但是报账报不了，大家都不愿意干，遇到很多人都因为这个事情不愿意干。

问：报账这个问题您认为怎么做是可行的呢？

答：我听说美国对于这个问题的处理方式是：经费给教授，教授把项目结掉就行了，其他都不用管，也就是项目负责制，把项目给人家就行了，至于钱怎么花是人家的事。我们现在有的研究做到一定程度了，在外面请咨询，但咨询费都掏不出。

问：刚刚说到激励动机，您说了几个，一个是考核，一个是自己兴趣，还有一个是责任。

答：实际上我们做研究还有个好处，就是我们到了现在这个程度，做得好一般出去做个讲座也不错。确实社会责任感在里面了。有时候市里让我们这些专家去开个座谈会，反正让我们发言的时候他们还是很认真地在记，所以还是很有成就感的。做研究的多重功能，比如写个简报，领导批示我们就觉得好像也有功劳。

问：您对年薪制怎么看？

答：我觉得年薪制也是一个方向，它的一个好处就是短期内能将贡献和所得完全对应起来。年薪制一般比我们的工资高一些，压力也大一些，拿的钱多要求自然也高，有些人完不成任务就走了。所以，我觉得若要实行年薪制就要做到让他能来让他能走，否则就没什么意义了。不过年薪制也有弊端，大研究要形成团队，年薪制则特别不利于合作，每个老师各干各的，所以年薪制怎么能把这块解决是个问题，因为现在大项目基本都是团队协作的。

问：您建议一个什么样的机制来促进合作呢？

答：我觉得不要署名第一第二，而是比如说三个人发文章，第一个就记二分之一，第二个记三分之一，这样的话哪怕排到最后一个他也有分。而且过去研究生排第三作者还认的，现在就不认了，这样研究生更没动力合作发文章了。

职称：助理教授；
性别：男；
年龄：30 岁；
教龄：3 年；
学位：博士。

问：您觉得年薪制比起以往的制度在人才的激励方面是不是有更好的作用，或者对于它的优缺点，您能不能谈谈自己的看法？

答：其实我没有和同等级的人比较过，讲师也是中级职称嘛。具体能相差多少，多大的区别我不是很清楚。现在从全社会来看的话，高校教师工资还是不高，所以科研方面说句不好听的话，申请到一个项目的经费不是百分百投到科研里面。

问：您入职时是年薪制吗？

答：我进来时的职称是助理教授，是年薪制，但没什么绩效奖励，一年总共多少钱，除以 12 个月，每个月就发这么些钱。

问：就是给您一年科研的工作量，如果没达到就扣？

答：我们这种是合同制，三年一个合同，两个聘期是六年，六年还没有升到副教授就要走人。助理教授是这样一个制度，和讲师还不一样，讲师是已经在体制里面的，而我们则是淘汰机制，根据评副教授的要求来考核你，压力是在这里，而不是在每年的考核上。每年的考核没有指标，只是阶段性的考核，主要是六年的那一次考核，那时你必须要升到副教授。助理教授的工资一般比讲师要稍微高一点点。

问：您现在是既要教学又要科研吗？

答：对，我们是属于教学科研型的，综合型的，会有一定的压力，尤其是我今年是第一年教学，备课会花很多时间，自然科研的时间就会比较少一点，薄弱一些，这是有考核要求的。

问：课程也有考核？

答：是的，必须要上满多少个学分，从而考核老师的教学工作量。教师有很多种类型，有纯科研的，也有综合的，两方面都会考核。

问：您选择老师这个职业的动机是什么？

答：觉得当了教师以后可能自己的时间会比较弹性。不过对于我们这种，好像比纯教学的感觉压力会更大一些，因为纯教学的老师上完课可能就不必考虑其他事情了。我们这种上完课白天在这坐着考虑教学科研的事，其实回到家还要考虑发论文、做项目，好比暑假的时候纯教学的老师都放假了，可是我们还在考虑做项目、写论文这些。所以，当初动力还是想着自己可以安排自己的时间，比如在企业上班必须几点就要到。还有就是读博士的时候可能也习惯了这样的生活。

问：您现在在科研方面，觉得热情和压力哪方面更大？

答：热情。其实搞科研要看平台，平台好了可能感觉就会比较顺，热情也会比较高，没有平台的话好像什么东西都差，尤其没有资源，这个是主要的。

问：那您平时在做学术或者教学的时候，除了刚才说的六年考核，还有没有其他原因可能会让自己感到有压力？

答：因为我们学院比较特殊，这个压力可能比其他学院稍微小一点，像规模大一点的学院，人也多，个个都很厉害，竞争自然就很激烈，我们这边竞争没那么激烈，压力就稍微小一些。我们学院毕竟还是以教学为主的学院，情况会比较特殊一些。

问：刚才提到科研热情这一块，和您选择老师这个职业的原因，您提到弹性和自由度会大一些，这算是一方面，还有没有其他方面呢？

问：我觉得这个还是主要的吧。如果说是科研热情的话，比如很多人真的很喜欢研究，而我们这个偏工程，工科主要是解决实际问题，对于理论研究倒不是太深入，实际上我们的热情主要还是在解决实际问题上，能做出来就做出来，做不出来就过时了。

问：那您个人喜欢这样做科研的生活吗？

答：我还是挺喜欢的，如果可以解决实际问题，并能以此发表论文，那也是一种成就感。如果能获得一点利益那就更好了。

问：所以更多的情况下是因为有压力的推动？

答： 其实还好啦。能满足要求，能够把职业延续下去，这是我主要的推动力，钱不是推动力。

问： 教师还有荣誉感，社会地位和尊重度。

答： 总是说教师的社会地位比较高，大家会比较尊重，其实只要你有能力，在哪里都会受到尊重。

问： 您觉得从您搞科研到现在，最有压力的时候是个什么样的情况？

答： 可能我经历的环境和别人不一样，我的压力可能会小一些。我们这边发论文比较多，人也比较轻松，也出去玩，然后就毕业了。我们同样梯队的另外两个老师就比较辛苦，发的论文也比较少，而国家奖基本都被我们团队包了。

问： 所以和团队的氛围还是有关的。

答： 是的。科研真的和氛围有关，师兄弟之间互相带着，会少走很多弯路。

问： 您觉得高校应该怎么做才能对科研人员有一定的激励呢？

答： 评职称是要考虑到经费的，也就是你为学校申请到多少钱。其中，纵向的项目对评职称肯定是有帮助的，国家的项目肯定更有含金量；横向的项目就只是挣钱。

问： 您现在最需要学校、学院给您哪些支持呢？

答： 这个和研究方向有关。做软方向要有平台，做硬方向要有设备，还有空间之类的。

职称：教授；

性别：女；

年龄：51 岁；

教龄：25 年；

学位：博士(海外)。

问： 您当时是如何走上科研道路的？

答： 我硕士时期的研究方向是材料方面的，留校之后一直在实验室待着，当时我不太安分，我很害怕一眼看到头的日子，所以我去读博了，做的是化学研究方向。当时我有机会去日本留学，刚开始我没有进入状态，我只想把实验完成，并不会深入思考。后来看到一些同学做实验很认真，他们投入了一定的热情去做，还会不断思考、不断拓展，然后就能不断创新，我受到了感触：原来应该 Enjoy your research！再后来，我意识到我也要提高自己的主动性，不仅要认真做，还要带着自己的想法去做，要更多地去思考。因为做实验认真了，成果出来就容易了，我的热情就更高涨了。

问：在做科研的过程中您感觉压力大吗？

答：刚回国工作很开心，但是我压力也很大，不仅要上课，又要开展科学研究。这时没有导师的帮助了，我需要独立寻找新的研究方向。再加上当时我孩子只有几岁，家庭责任也大。那段时间还是比较黑暗的。我不奋斗，我的孩子没饭吃，我也没饭吃，所以我每件事情都拼命去做，拼命做好。

问：那什么时候找回了享受研究的体验？

答：刚开始带学生做科研是一个磨合的过程，思考自己研究领域的切入点，这很艰难，因为发现科学问题不是一件容易的事情。经过3～4年的摸索过程，直到2007年我才申请到第一个面上项目，于是我就有了科研经费，就能买足够的设施设备，这时我就能做自己想做的事情了。慢慢有成就感之后，我的自信就有了，热情也更高涨了，这样的良性循环越来越多，我也就敢挑战更多全新的领域。

问：为什么成果那么丰富了还继续做科研？

答：我真的很喜欢做科研，不让我做，我会觉得很难受。不断钻研是我人生的乐趣。解决问题能让我很开心！当我的文章被我们这个领域的顶级期刊录用之后，我跟我的学生说："接受了！接受了！"收到邮件的那一刻，我就很开心，我的内心都在笑。现在再让我去做常规的工作，日复一日做同样的事情，我觉得很枯燥、无聊，而且很没有挑战。我现在做科研很有信心了，遇到困难我不害怕，我从来不认为困难是不可逾越的，只是时间问题。我觉得态度最重要，只要想做就能做好，只是时间问题。

问：您觉得做科研最重要的是什么？

答：做科研必须要有主动性。认真主动地去做和敷衍被动地去做，结果完全是不一样的。我经常跟我的学生说，做实验的时候不要戴着耳机，要全神贯注地关注实验现象，要带着自己的思考去做。我是一个比较执着的人，我不会轻易放弃。我们也会有团队合作，有一些问题要跟其他老师一起斟酌，但是科研团队的合作比较难得。

职称：教授；

性别：女；

年龄：53岁；

教龄:28 年;

学位:博士。

问: 您觉得大学老师的报酬怎么样?和工作量相比较如何?

答: 我感觉这个应该因人而异。我从早到晚,没有节假日,我们的薪酬与我们的劳动收入是远远不匹配的。有些人只是上课,而且课又少。这样看他的付出量和贡献量是很不匹配的。至于他在外面做什么事情,那不知道。但他在单位的贡献量太少。有些老师很多活动都不参加,在外面开公司,学校这边他们只需要做好教学工作。这一批人,他们对于社会的贡献很大,但是对于单位的贡献却很少。还有一批人,他们没什么压力感,比如说那些老员工,他们就只想做好本职工作,新引进的人一般不会这样,他们都会有紧迫感。

问: 那他们工资结构是怎样的?

答: 你看我们的工资,一个月是一万两千元左右,年终我拿到的课时费和年终奖励应该是两三万元的样子。科研奖励很少的,每个人不一样。一年二十多万到三十多万元之间,这是税前。因为我还有职务津贴这一块,就是连职务津贴加在一块才能在这个范围之内。那一般老师就二十多万元。

问: 当一年教授和当十年教授工资差别不大是吧?

答: 基本上差别不大,我们岗位两个级别之间差个一两万元,也不大。副教授十七八万元,我感觉是这样的。我们学院在学校中教师的收入算是中等的。

问: 你们学校教师聘用是双轨制?

答: 对,我们学校是实行双轨制的,我们有很多海归老师,海归老师的收入总体上都比我们高。常任制就是终身的,就跟国外一模一样,只要你按照这个轨迹来,你就可以终身被聘用了,签固定合同。聘任制在国内的话,像我现在还是要每三年签订一次合同。海外应聘的常任制是有难度的,我们这么多年常任制的只有三个人,你看我们大批量的海归老师,常任制的全院才三个。

问: 双轨制的话在薪酬上也有区别吧?

答: 是的,海归老师进来最差的起步就三十五万元。他们就六年合同,主要以发国际期刊为主,三十五万元都是指刚刚毕业的学生,教授都是六十万元。而我们勉强拿二十多万元。

问: 那老师们欢迎年薪制吗?

答: 不太了解,不过前几天我还听其他老师讲起这个,大多数老师还是不愿意年薪制,不愿意受到合同的约束。现在我们工资偏低,但是相对比较自由。若是年薪制,他们达不到条件就得走人了。

问: 您有这么多成果,是什么让您有这么大的科研动力?

答: 我就觉得,要说谁有这么高尚的情操,说得有些大了。我自己的话,首先是基于责任心,要把它做好。一件事情要做好,一定要精益求精。要有危机感,没有危机感可能大家就没这么努力了,当然也要看人了,凡是有责任心的,比较认真努力的,他会重视你的指标,他会跟着你的指标跑。有相当一部分人,就像我说的,在这个学校呆了一二十年了,前一段时间在进行考评的时候,有很多人的科研成果是零,其实他已经不在乎了。我们学校大概在一年多前就提示大家了,说你还有哪些任务工作,要达到的科研成果,但是一年下来,仍有很多老师的科研成果是零,这就说明这些老师对指标是无所谓的,而且他们已经确定自己不会被开除。但是往往是那些新进来的老师,他们会很努力,天天担心岗位保不住。但是就我个人而言,我还是有兴趣的,如果没有兴趣的话,逼也逼不出来。对我来讲,做课题很顺手、很轻松,但是就是时间问题。

问: 当老师是您一开始就喜欢的吗?

答: 不是,我最喜欢的是做服务行业或者做生意。我上大学的时候就卖明信片、卖袜子什么的,我跑了好多地方呢,我上大学的时候不安分,后来还准备开饭馆。我当时老师的工作准备不要了,什么都弄好了,准备开饭馆。但是因为师资力量太少,又硬是把我给拽回来了。

问: 那现在如果让您重新选,您会选什么?

答: 我能够把它做好。我一开始就说了,一个工作,即使你不喜欢,只要你投入了,就能够把它做好。但是这不是我最喜欢的。

问: 因为您课题多,您觉得现在的经费管理状况对于您做课题有影响吗?

答: 有影响的,现在经费很难报,然后还要求规定时间内要报完。劳务费虽然上限是40%,但是它的税很重,就没兴趣了。所以,我觉得影响还是很大的。但是,我还是觉得对于特别喜欢做这个事情的人,他应该不在乎你给不给他奖励。像我本人就是这样,我不在乎你给不给我奖励,也不在乎我申报课题,你给不给我配套,我也不在乎说,我写一篇专报,你给我多少钱。我做这些事情不是因为这里面有钱才去做的。

问: 如果将来你孩子从事教师这个行业你鼓励吗?

答: 我鼓励的,虽然说我自己不喜欢,但我还是喜欢我女儿当大学老师,虽然很辛苦,但有社会地位,相比社会上其他工作,老师这个工作可能就很纯粹、阳光,大家很认可,或许还有一个好处,就是相对自由和独立,没有领导盯你盯得那么紧,自己做好自己就行了,自己沉淀积累,就会越来越好,就会更加自由。甚至你想去到哪里都可以,就像长上翅膀一样。另外,我们这个岗位就像医生一样,待得越久越吃香。

职称:讲师;
性别:女;
年龄:49岁;
教龄:22年;
学位:博士。

问: 您当时为什么选择这个职业呢?

答: 其实应该说不是我选的。本科毕业以后,我来到上海的一所学校,慢慢向上,因为要落户,所以留在了学校。

问: 您对于自己的工资结构了解吗?

答: 不是很了解,大体收入知道。大概25万~30万元,税前的。

问: 您是希望基本工资多一点还是绩效工资多一点?

答: 我肯定是希望基本工资多呀。离退休越来越近,就希望基本工资多一点。如果年轻的话,肯定希望绩效工资多一点。

问: 您现在还是每天来办公室做科研吗?

答: 不是。我就是在家里,两到三天来学校一次,因为有课或者什么的,家里面很安静。

问: 您喜欢做科研吗?

答: 不喜欢,这是最苦的差事。为了考评和升职称吧和薪酬没关系。对于高校老师而言,做出来的东西又有多少人看。天生喜欢搞研究的人是少数,弄出来的东西,除了给你考评用,我真的不觉得有多大作用。

问: 那您评职称的动力是什么?

答: 首先,就是一条道走到黑,因为你这样就是惯性依赖。其次,就是一直往上升肯定也是有好处的。再次,就是你可以带学生做一点事情,你带的学生从硕士到博士,带的学生质量越好,你就会出越多的成果。

问: 那您下一步的职称目标是什么?

答: 我现在是讲师,下一步目标是副教授。人家一来就是海归,像我这样,现在感觉还是生命最重要。如果你做研究是快乐幸福的,那就做研究,否则还是趁早打消这个念头。其实,我很喜欢跟学生交流,我喜欢教,不喜欢写,要我写实在是太难了。

问: 那您觉得现在学校要激励您创新,有什么可以改善的地方吗?

答: 比如说科研经费报销还是有一些问题。现在有一个改进,就是劳务支出可以占到科研经费的50%。那等于说是承认脑力劳动者应该有成本的。我觉得很多东西都可以简化处理,做项目很多都是脑力消耗,像实验室报销都是大型设备,二者完全不一样,但是这两个报销却走一样的流程就很奇怪了。

职称:副教授;

性别:男;

年龄:38岁;

教龄:6年;

学位:博士。

问: 请您介绍一下您的科研经历。

答: 我在读书期间,参与了很多工作,硕士阶段当辅导员,读博期间在规划办公室,后来学校筹备了教育学院,我对这方面一直很感兴趣,我有机会接触到很多教育领域的人。

问: 您做科研有困难和压力吗?

答: 刚开始也有顾虑,海归也多,竞争激烈,别人读书期间就是高等教育专业的,我是半路出家。另外,我们这个方面的研究,申请科研经费很困难。高水平期刊的文章发不出来,也有压力。我们这边评副教授,要发三篇A或B,一个省部级课题,一部专著,还要满足教学课时要求,压力还是蛮大的。

问: 做科研的动力有哪些?

答: 我不是很功利的人,我觉得发媒体文章很有意思。很多媒体跟我约稿,如果话题感兴趣,我会很愉快地接受。我现在在公开媒体发表的文章,这些都不算我的科研指标。我不会刻意去追求核心期刊、追求职称,我觉得还是顺其自然,只要专心做好当下的科研工作,评职称只是快慢的问题,如果一味盯着职称、盯着指标,我会失去很多做研究的快乐。

问: 您认为做科研最重要的是什么?

答: 喜欢做的事情总归会有成果。如果你很喜欢,并且愿意付出时间和精力,那一定会做得很好的。你一天超过12个小时都沉浸在自己的专业研究中,那怎么可能做不好呢?

职称:教授;

性别:男;

年龄:58 岁;

教龄:21 年;

学位:博士。

问: 请介绍一下您的科研经历。

答: 我硕士毕业后先去科研中心做了四年研究员,后来去了科技院做应用研究,因为当时身边很多人都去读博,觉得自己也很适合做科研,加上农业研究不景气,科研单位学科水平也不高,我就回大学读博,读博后就顺利留校了。

问: 您当时为什么选择走科研道路呢?

答: 留校之后,我开始做环境变化、土地演变等基础研究项目,这是我自己的研究需要,也能够给学生提供学习平台。做科研是我的岗位职责要求。要是没有考核指标的要求,我就不做科研了。

问: 您做科研是有合作者吗?

答: 会有团队合作,尤其是我们的工作,自己一个人做不了,需要跟其他人一起合作。别人找你干活,不给你分钱,你也不愿意。合作都是有分工、有主次的,所以科研经费很重要啊。很多老师不像以前那么积极招收学生,因为科研经费的管理很复杂,多做项目,也未必能多得,所以很多人觉得完成科研任务就可以了。

问: 您喜欢做科研吗?

答: 科研工作很辛苦的,虽然时间很自由,但是工作和休息的界限不明显,时时刻刻脑子都在转,压力还是很大的。我现在已经是教授了,只要完成聘期考核就可以了,其他不想做的科研就不做了。不像年轻老师,想要尽快出成果。

职称:教授;

性别:女;

年龄:55 岁;

教龄:18 年;

学位:博士(海外)。

问: 您是怎么当上老师的?

答： 我在国外待了七年，其中一年是读硕士，四年读博士。我认为就是我读到博士以后，就是要走上这条道路了。因为读到硕士其实就可以就业了，不需要再读了，而我也喜欢教师这个行业，当个女老师，带带学生挺有成就感的。

问： 您晋升职称顺利吗，是什么动机促使您努力的？

答： 还算顺利，至于晋升职称的动机，我觉得有内在动机，也有外在动机。内在动机就是人在任何职位，如果不安于现状的话，都要有一个向上的职业发展需求；外在动机就是整个大环境，所有的人都是这样。另外，在中国，职称和资源是挂钩的，你没有职称，就没有资源。另外，学生、科研项目、薪酬这三方面，没有晋升，这三方面都不行。

问： 对您而言工作压力大吗？

答： 至于现在的工作压力，应该是分不同的年龄段。比如说对于30～35岁之间的，35～40岁之间的，还有像我这个年龄的，回答这个问题就不太一样了。从副教授到正教授这么多年里，肯定是有压力的。另外的压力来自家庭，因为孩子都还小，而现在我们孩子都上大学了，所以考虑压力还得分年龄和家庭状况。当孩子还小的时候，我就不会有这么多时间了，晚上还得陪他写作业，还得送他去补习班。十几年前，孩子都在上学，我得照顾他们。我现在看得比较开，因为经历过，其实现在压力没有以前大了，工作热情还是有的。评上教授以后，其实也是要看处于什么阶段，比如说如果还年轻，刚评上教授，因为它还是有一个向上的空间，什么二级教授，三级教授，四级教授之类的，有的人还有往上的目标。据我观察，我们学院的教授，他们压力还是很大的。我觉得可能现在五十岁以上的教授没有那种特别想往上冲的压力了。

问： 那您现在就是已经到了这个年龄段，新的科研指标压力大吗？

答： 现在科研指标还行，因为有了学生之后，主要还是带学生。科研压力还是有一些的，因为也还是有考评的。像我去年考评过，三年内就不用考评了。因为我是签长期合同的，但是总是有每年的其他考评，所以还是得弄。

问： 这种压力会影响到您做科研的积极性吗？

答： 对科研的积极性，于我而言，我是一个比较平稳的人，我不会完全沉迷于科研，使劲做这种，我也不会说自己什么都不做。所以谈不上热情，也谈不上不热情。当前的科研压力不会挫伤我的科研积极性，我觉得压力和积极性之间没有必然的联系。因为科研积极性是内部的，尤其是成年人，不像小孩子，给个糖豆就行。对于成年人而言，压力和积极性应该没有必然联系。相反的,一定的压力还能促进积极性。所以,就我个人来讲,比如说必须申请自然基金,是有压力吧,但是我还是会申请。

问: 那如果没有硬性要求,您还会申请吗?

答: 会呀,因为我还有学生。

问: 那您觉得现在高校里面的一些政策是有利于高校老师创新还是会阻碍?

答: 我觉得好像不起作用,就是没有专门的考核来促进创新。科研创新的话,我觉得应该是非常突出的,有影响力的,与众不同的。我理解的是教学方法可以有创新。比如说我教学用了新的技术、新的模式,我可以推广,这是可以创新的。然后,管理上也可以有创新,比如说其他学校没有用过这个政策,但是你用了,而且效果非常好,那么这就是创新。

问: 教学上的创新源于哪里?

答: 现在就是没有教学创新上的激励,除非自己特别感兴趣。

问: 那您觉得有什么需要改善的地方吗? 比如考核或者薪酬方面。

答: 我认为应当有一套一般考核指标和一套特殊考核指标。其实我们学院的薪酬是较高的,人肯定是要跟自己情况差不多、努力也差不多的人进行比较的,人家付出的比你多,但是你却拿得多。反正我就会这样想,我就很满足。当然还有一部分人,我觉得学院真的要管,他们占着学院的资源在外面开公司。

问: 您是怎么看待现在高校重论文数量、期刊等级这种考核评价体系的?

答: 我觉得应该是越来越模糊化比较好,以至于到最后就像发达国家,比如说美国和日本那样不考核了,就是铁饭碗。这就是自由职业者,不给指导,反而创新性更加好。可能趋势是这样。你看如果完全通过自律,而不是压力,那些七八十岁的老师现在还在做,你说他动机是什么,其实就是喜欢。

问: 那我们的机制就是应该让不喜欢变成喜欢?

答: 不是,不喜欢的不喜欢就行,别捣乱就好;喜欢的应该让他们更加喜欢。

职称:教授;

性别:女;

年龄:56 岁;

教龄:22 年;

学位:博士。

问: 能介绍一下您的科研经历,比如说当时您为什么会选择做这方面的研究。

答: 对专业方面,其实很简单,因为我父亲是学历史的,我从小就对历史和文史都很感兴趣。历史、文化、地理都是我非常有兴趣的,从小我基本上什么书都看,杂七杂八的,对文化、人类学非常感兴趣。大二或者大三的时候,北京大学地理系的一位教授到我们学校去做学术报告,我第一次听到了历史地理这个概念,当时我感觉非常兴奋,因为觉得就正好可以把我的兴趣跟我的专业结合在一起,所以从大三以后我就开始比较系统地去接触历史地理。后来就是考硕士,考博士,没有改变。然后就一直沿着这个方向走,而且我觉得我现在做的东西跟我的兴趣点完全契合。

问: 您一讲到您的研究就很兴奋,您对科研的热情源于哪里?

答: 从我个人来讲,一开始是很朴素的感情,就是对历史感兴趣,对文化感兴趣。后来随着研究的积累和年龄的增长,你的认识可能就不那么单纯了,很多时候可能也不完全根据自己的兴趣出发,还要有一些更进一步的深入。我这个人不属于那种很聪明、很机灵的人,但是我有一个比较大的特点就是专注。随着自己研究的越来越深入,就越热爱。在这个过程中,我从来没有抱怨过太苦了。

问: 您在研究和教学过程中有没有遇到一些困难或者压力?

答: 当然有困难,如果要说的话,我觉得大概最困难的时期应该是在我评副教授的前后。当时作为一个青年学者,特别希望得到大家的肯定,或学术界的肯定。应该说是很关键的,就是你上到副教授以后,就意味着你已经算高级职称了,你的成果或者你的学术能力已经得到学术界的肯定。那么在这个过程中,就很希望能够得到学术的公正对待。但当时你前面还有比你资深的老师没有拿到副教授,那你就不能越过他,即便我当时的成果已经远超过他们。其实这个事对我的打击还是有的。对于一个青年人来讲,就是我怎么努力我都越不过去,这个其实对青年学者是不公平的。更不用说当时我们那个时代,收入还不高。我博士毕业以后一直到副教授评上之前,我一个月工资 800 元,但是我觉得这些对我的影响不是很大,因为我知道这是暂时的。另外一个原因,这个是大家都不讲的,但实际上应该说是比那个影响可能还要更深刻的,就是一个性别问题,领导觉得你比男生评得晚很正常,你一个女生,虽然不能说你就是相夫教子,但是你的这个生产能力肯定不行。对女性还是有一种很传统、很刻板的认识。

问: 那当时是什么驱使您去拿项目做课题的呢?

答: 如果我认为这个东西对我来说可能是很有意义的,很重要的,那么我就会去尝试。我们是研究所，自然就是要拿课题，因为这是你考核的指标之一。刚开始会觉得国家社科那是高高在上的，基本上机会也不大。我们研究所的老师说你去报一下，我说可能不行，他说你不报肯定是没有，但你报了未必不行啊。结果那年就拿到了，这个过程中我其实还蛮感激的。拿到课题后我觉得对个人学术自信的建立也是很有帮助的，觉得自己的成果是得到肯定的，然后就越做越起劲，进入一个良性循环。对我来讲其实很明白，还是找到了适合自己的路，所以就会比较开心。

问：您觉得培养学生的这种科研热情会很难吗？

答：严格说这个真的是要靠自己。因为有时候，自信心的维护很重要，一般学生刚来基本上都是有学术热情的，应该对这个专业是有兴趣才进来的。但是，我们发现第一年的学习对他们而言其实非常重要，就是说他只是有热情，但是他对这个学科其实不了解，那他们第一年其实是很辛苦的，所以这时候你就会发现，如果他有一点进步，你给他肯定的话，他就会慢慢地把这个兴趣就发展起来了。之后就不仅仅是兴趣，还有对学术的自信和能力。如果这个时候你压制他，他就会觉得你在告诉他你们这些人能力不行。

问：您刚才说要读大量的文献，那您一般要花多长时间在办公室？

答：我是这样的，因为我现在兼职做行政，但是我尽可能挤时间出来做科研。因为，第一我们是双肩挑的，第二在高校里，其实真正让你站得住脚的不是你的行政，而是你的科研，所以我还是要抽出不短的时间来做学术。在我没做行政之前，我一天在电脑前的时间，平均下来应该是六个小时。做行政之后，科研又不想放的时候，我熬夜熬得比较多。

职称：副教授；

性别：男；

年龄：33 岁；

教龄：6 年；

学位：博士。

问：您的年薪是多少呢？除了学校的薪酬，是否还有别的收入？

答：我的年薪其实也就二十万元左右吧。

问：二十万元左右是指税前还是税后？

答：是税后。因为我们这个年薪里面很大一部分是绩效那块，比如我做的那些科研可能会得到学校的奖励，这块占比是比较大的。其他收入来源也是有一些的，比如有时候可能会跟一些企业合作做一些课题。还有一些可能是去其他学校做一些讲座呀，还可能有一些论文的评审。

问：您期望基本工资还是绩效工资哪个占比大？

答：当然是绩效工资占比大了。基本工资太多的话也难以去激励年轻老师进一步创新。

问：您的绩效工资是学院发的还是学校发的？

答：绩效工资有学院发的也有学校发的。当然我也不知道怎么算，比如说发表了好的论文，学校每年会评创新贡献奖，如果你能入选的话，这部分可能是学校发的，但是不一定会放到薪酬里面。

问：您对高校教师实行年薪制有什么看法？

答：我就是觉得年薪制比较直接、比较直观，跟你说明了能拿多少。如果是我希望的话我还是想要非年薪制，因为年薪制的压力太大了。如果是年薪制的话，我会根据自己的情况做衡量，看我是不是能达到这样的要求。

问：您在评职称的时候主要的动机是？

答：评职称我很了解，因为我这个职业就是必须以职称为导向，没有职称的话其他做的都是虚的，发表了再多的论文、拿了再多的项目，如果没有职称的话，其实等于说对自己而言，没有一个东西来认可你。不仅仅是从工资增长了多少这个角度，其实从个人发展的一种精神动力来讲我觉得也是比较重要的。对我们来说，副教授和讲师之间的薪酬差别没有那么大，但我觉得它们隐含的价值差别是比较大的。社会地位不一样，还有就是你出去做课题、做项目，你说你是某个学校的讲师，那别人可能会觉得讲师太多了，没有什么含金量，但是如果说你是副教授或者教授，那别人就觉得你是高级职称了，认为你达到这样一个标准了，别人还是相对比较认可一点。

问：如果学校或者政府需要激励年轻教师，您觉得他们应当从哪些方面入手呢？

答：如果说是要激励高校科研人员出更多成果的话，我觉得最直观的一点还是考核制度方面要做出调整。拿我们学院来说，刚开始其实并不太注重科研奖励这一块，这方面的制度也不太完善。所以，很多年轻老师过来以后不愿意做科研。我认为首先从制度这块，奖励制度和考核制度要先做好。当然奖励除了内部公平以外还要有外部公平，比如和其他学校的老师相比，他们的奖励是多少，那我们自己的情况也要跟得上。激励一方面是钱的问题，另一方面就是在职称竞争方面有没有倾斜性的问题。我觉得做任何的奖励激励、创新激励都应该和这些挂钩。

问: 有些老师自己有公司,您知不知道这些在职期间自己创业的老师大概的情况?

答: 我了解,有的老师是创业的,他们创业的情况可能是,在自己的领域内发现有一定的商业价值,就把它推向市场。但另外一方面,我觉得他们选择创业可能和他们对于自己的薪资的满意度也有关系。

问: 那这种情况下,学校或者学院一般对这种在外创业的老师的考核会不会有些不一样?

答: 没有任何倾斜。因为你的本职工作就是老师,想当老师当然要先完成考核的东西,它还不能因为这去倾斜,我所了解的是没有任何高校是有这方面倾斜的。

问: 国家出台了一个政策,就是鼓励老师在职创业,发挥知识价值。

答: 是,但它的指导意见是这样的,就是你可以先停薪留职出去创业,这是可以的。但有的老师是这样的,学校我也不放,你知道高校老师的时间是比较自由的,他就利用这个空隙出去创业,那肯定没一个学校愿意这样干。这样的话也是不公平的,工资也拿,还创业,肯定就会有很多不公平的问题出来了。

问: 那您当时为什么要选择教师这个行业呢?

答: 当时觉得还是教师这个行业比较适合自己,和自己的性格、能力能达到一个很好的匹配吧。我其实从小就比较喜欢老师这个职业,当时也是一心想着当教师。

问: 那您是不是可以说对现在这个状态还是挺满意的?

答: 对,我还是比较满意的,如果给我一个其他的工作我可能就做的没有像现在这么好。

问: 那等您的孩子长大了,您希望他跟你一样当一名老师吗?

答: 如果他能当老师我当然是双手赞成了,因为我觉得老师这个职业首先比较受大家尊敬,还有一点就是如果你有能力做老师,那么养家糊口是没问题的。

职称:副教授;

性别:女;

年龄:47 岁;

教龄:15 年;

学位:博士。

问：您现在感觉当老师怎么样？

答：现在感觉还可以，但是很长一段时间觉得很痛苦，主要那时觉得老师这个职业比较不适合我的性格，我更适合做按部就班的工作，因为我的逻辑分析能力还是很强的，但如果让我做创意创新而且需要自己找方向的工作，我觉得会比较困难。所以，很长一段时间我觉得自己的职业选择好像有问题。同时又面临着高校的压力，很不适应、很不舒服的状态。现在好点了主要是因为评到了副教授，从讲师到副教授那段时期压力比较大。

问：在这个过程中有没有考虑，比如想评职称什么的，和钱有关系吗？

答：当然有关系了。钱是一方面，但另一方面是职业的自尊，如果一辈子都是讲师的话没有使自己的职业得到足够的发展。毕竟自己还是比较优秀的，当学生的时候很优秀，但是当老师没有成就感。我觉得从讲师到副教授这个差别是比较大的，因为讲师的话只能从上课获得多一点的薪酬，但是副教授指导学生，还有很多的评审，钱的来源就多了很多。获得的尊重感也是不一样的。

问：您希望教师薪酬实行年薪制吗？

答：我觉得压力可能会比较大吧，然后可能要看它的导向，看学院到底是什么导向，比如是研究型的，就不需要我们多上课，那我可能就根据它的导向来了。如果我研究做得很强的话，那年薪制我觉得蛮好的，但研究不强的话就会觉得不怎么好，因为这样子的话你很难达到它的标准。

问：如果是研究型大学，它可能就是研究导向。

答：现在也是觉得挺难平衡的，我现在上课上多了会觉得很累，状态不是很好，就不利于研究，导致不愿意上课。其实两方面都焦虑，一方面是研究很焦虑，另一方面上课也没有享受到上课的乐趣。还有就是和自己的投入有关。我投入得越多，从学生那边得到的关于我的反馈就很好。还有课堂的表现，整个氛围很好，这样的话当时那个状态会感觉到的是一种享受。但是如果想要达到那个效果的话就必须在教学上花费很多精力，所以特别纠结。

问：您觉得想要进一步创新需要学校在制度上提供些什么辅助？

答：学校的话薪酬肯定是一种激励了，还有就是可能再给我们更多的机会吧。比如说现在更多出去交流的机会，包括国内开会、国外交流的机会。还有财务方面让我们多一点自由，少一点报销上的繁杂。

问：每年项目申请竞争都很激烈，您拿项目的动力是什么？

答：职称还有考核的要求，但是好像钱上面从来没考虑过。

问：对老师创新来说，考核算动力还是阻力？

答：可能是压力吧，很难说是动力，对我来说是压力。还有跟创新有关的就是团队的问题，我觉得很重要的就是一个人去做研究是比较孤独的，这种创新成果也会少很多，还是需要团队，有团队大家就会交流思想，可能某次交流的时候思想的火花就碰撞了。在这个团队里，有的人很有想法就会把整个团队带动起来。但我们现在的评价体系里面，好像没有一个体系是促进大家交流的，包括团队的绩效怎么算等，如果只认第一作者，那你的机会就很少。如果都认的话肯定会促进大家的合作，那团队的交流就可以更广，也更容易把整个学校、学院的氛围带动起来。

5　高校科研人员科研热情影响因素分析

在前期问卷调查数据中，我们发现高校科研人员创新的主要动机包括个人兴趣、本职工作、获得满足感、获得晋升和提高个人收入等；主要阻力包括研究经费不足、激励机制不完善、科研经费管理制度不合理、缺乏相关技能和研究成果转化率低等。同时，经前期文献研讨和问卷调查等分析，我们还发现，高校科研人员近三年发表论文数的均值与工作总体满意度、薪酬制度满意度和收入状况满意度均呈现不对称的U形关系，即发表相同数量的论文的科研人员中，一部分对工作、薪酬制度和收入状况表示很不满意/不合理，但另一部分则认为很满意/很合理，满意度越高的科研人员科研成果越多，这究竟是为什么？为探明其中的原理，我们在本研究的第二阶段对高校科研人员进行了深度访谈，以期通过访谈等手段解决上述存在的U形曲线之谜。通过对访谈资料进行初步整理后，我们发现高校科研人员进行学术科研活动是压力与热情并存的状态，这与前期问卷调查中关于科研人员创新的动机与阻力具有一定的对应性。因此，本章拟从高校科研人员对科研压力与热情的感知来探讨其满意度的差异问题，并借助扎根理论研究方法探究高校科研人员科研热情形成的影响因素，为后续提出薪酬体系改革奠定理论基础。

同时，本章对于科研热情影响因素的探究也具有一定的理论和现实意义。在理论意义方面，首先，本章借助扎根理论方法得出“高校科研人员科研热情形成的影响因素”模型，描述了各动力因素及其相互作用对高校科研人员科研热情的影响，为后期实证研究打下了基础；其次，当前学术界对高校科研人员这一群体关注得较少，对科研热情的形成还停留在总结问题阶段，但针对当前我国科研人员缺少科研热情的现象，尚未有学者从理论角度寻求问题产生的原因和解决问题的办法。由于热情是一种复杂的心理学现象，不同场景以及不同群体的热情成因各有差异，因此本书通过理论抽样的方法层层拨开科研热情的真相，对真实的访谈资料进行编码分析，深入了解现象的本质，探索了对科研热情产生促进作用的因素。同时，还整理汇总了访谈中高校科研人员提到的可能对科研热情产生消极影响的因素。研究结果对我国高校科研人员科研热情方面的研究具有一定的理论参考价值，丰富了热情在工作领域的研究成果，为后续相关研究提供了探索性的质性分析支持。

在现实意义方面，本章探讨了高校科研人员科研热情形成的影响因素和阻碍因素，并且详细分析了各动力因素之间的逻辑关系，为国家、社会和高校等组织制定相应的科研政策、培养高校科研人员的科研热情提供了理论依据。

5.1 研究方法与过程

5.1.1 研究方法

尽管国外对热情的研究已有十几年的历史，但目前国外学者多聚焦在对娱乐活动热情的定量研究方面，对工作场景中热情形成的心理机制研究甚少，而国内对热情的研究还处于萌芽阶段，在高校科研人员科研热情方面的研究也仍停留在发现问题阶段，尚未形成相应的理论框架，因此本书采用探索性的质性研究方法，研究高校科研人员科研热情的形成机制和路径。由社会学家 Glaser 和 Strauss(1967)提出的扎根理论(grounded theory)常被认为是用于定性研究比较科学的研究方法(Strauss and Corbin, 1990)。作为一种创新的研究方法，扎根理论强调“从数据中建构理论”，而不是从预先的设想和理论推导中通过数据验证假设，研究者在研究之前不能有任何理论假设。它要求程序规范系统，同时又要保持灵活开放，鼓励研究者通过收集和分析原始质性数据，自下而上深入分析、不断收缩、归纳，从资料中产生理论框架。扎根理论要求研究者一边搜集数据，一边分析数据，在进行数据的归纳演绎中建构分析代码和类属，在整个分析阶段要保持对理论的敏感度，通过在资料和资料之间、资料和理论之间不断地比较推进理论发展(Charmaz, 2006)。扎根理论的系统性、灵活性和有用性，使其被广泛应用于心理学、管理学等学科的研究中，用来探索和归纳某一现象的成因和影响路径。

自 Glaser 和 Strauss 提出扎根理论之后，学者们不断对其补充和修正，现阶段形成了三种版本：基于实证主义的经典扎根理论(Glaser, 1978)、基于解释主义的程序化扎根理论(Strauss and Corbin, 1990; Strauss, 1987)和基于建构主义的构建型扎根理论(Charmaz, 2006)。这三种版本在本质上是一样的，即通过对经验资料的归纳总结来建构理论，差异在于：经典扎根理论强调客观性，要求不能事先预设，完全按照资料的不断比较来形成理论；程序化理论则不排斥主观性认识，提出可借助预设来探索数据资料的理论规律；建构型扎根理论结合前面二者，既承认数据规律的客观存在，又认同可通过人为建构和认知来识别规律。

程序化扎根理论为大多数学者所用，它的研究过程包括问题界定、文献探讨、资料收集、编码分析[开放编码(open coding)、主轴编码(axial coding)和选择编码(selective coding)]、理论构建等过程，如图 5-1 所示，其中三层编码过程是扎根理论最核心的部分。

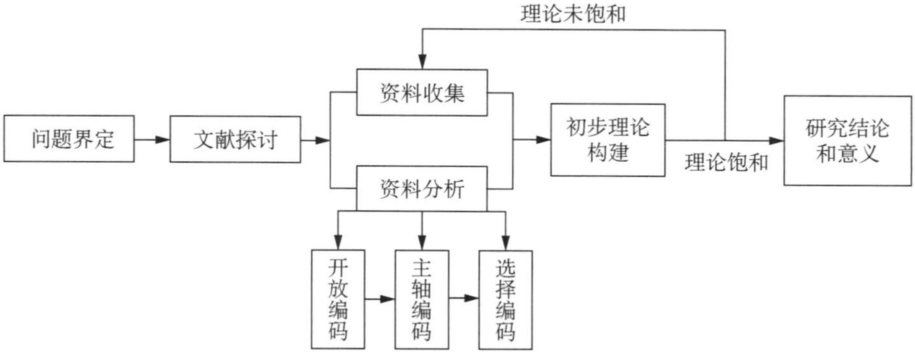

图 5-1 扎根理论的研究过程

1. 开放编码

开放编码是一个将研究资料完全打碎的过程，包括定义现象(labeling phenomena)、发现范畴(discovering categories)和为范畴命名(labeling a category)三个主要步骤。在开放编码前，研究者必须抛弃固有的思维模式和已有的理论知识，用“一无所知”的心态面对所有的资料，按照逐字、逐行、逐段、逐个现象、逐个研究对象的分析方法熟读资料，针对每一个独立的现象，用一个可以概括所涉及现象的名字将数据概念化(conceptualizing)。随后，研究者把所得到的概念进行分类，将相似内涵的概念归纳总结成为范畴(categories)。最后，研究者需要根据范畴所描绘概念的特征、性质和内涵，通过引用被研究者的原话、学术文献中已有的名字或者研究者自创名字的方法为范畴命名。

2. 主轴编码

主轴编码是一个将被打碎资料重新组合起来的过程，研究者的主要任务是借助译码典范(条件—脉络—行动/互动的策略与结果)，发现和建立不同范畴之间的各种联系，展现资料的内部关联性。在这一分析过程中，研究者最核心的工作就是发掘主范畴，这需要联系被研究者的意图和动机，比较和判断范畴之间的相互关系和逻辑顺序，发展范畴的性质和维度。

3. 选择编码

选择编码是进一步系统地处理范畴之间的相互关系，从主范畴中挖掘核心范畴(core category)的过程。这一核心范畴就像故事线(story line)，对概念化后的故事起到提纲挈领的作用，不仅能够系统地概括其他范畴，阐明各范畴的关系和各种脉络条件，还能将所有相关的变量囊括到一个新的、宽泛的理论框架之中。

4. 理论饱和度检验

扎根理论的研究过程是一个收集资料和分析资料交互进行、循环往复的过程，只有当新获取的资料不能进一步发展出任意一个新的范畴或者新的范畴特征、各范畴间关系明朗时，理论性采样(theoretical sampling)才可以停止，我们才可以说研究已经达到了理论性饱和(theoretical saturation)。

本章采用扎根理论来探究热情二元模型下的高校科研人员科研热情形成的影响因素。结合手工编码和 NVivo 11 软件编码，严格按照编码程序对一手资料进行归类分析。在整个扎根研究的过程中，采用理论性抽样的方法，完全跟着资料走，当资料呈现出某种导向时，调整下一步资料抽样的标准，直到没有新的概念和范畴出现。同时，遵循从资料中产生理论以及持续比较的原则，在对资料进行反复阅读、深度理解的前提下，在资料与资料之间、资料与理论之间、理论与理论之间进行循环往复的比较，直到概念的属性、范畴的特征、理论的内涵和外延清晰明了并得到资料的印证。为了避免因个人思维方式、知识结构造成的编码误差，在得到初步编码结果之后相互比对，对有争议的编码进行讨论分析，确定最终的编码。具体而言，首先，通过开放编码将原始资料进行逐条分析、类别归类，从而形成概念和范式；然后，通过主轴编码来确定开放编码中已确定的各范式之间的联系；最后，运用选择编码对主轴编码进行整合并精炼，最终得出高校科研人员科研热情的影响因素这一核心范畴。

5.1.2 数据收集

文章研究资料主要来源于本书第 4 章提及的高校人员访谈调查(部分访谈实录见本书“高校科研人员访谈实录节选”)，访谈结束后，本研究组将收集到的录音转化成文字资料，并严格按照科研热情的定义进行筛选和处理。经整理及筛选后，本章的研究样本主要包括来自上海交通大学、复旦大学、同济大学、兰州大学、上海财经大学、上海大学、上海师范大学、上海工程技术大学、云南大学、广西大学等的 28 名高校科研教师。其中，职称方面，讲师占 25%、副教授占 35.7%、教授占 39.3%；年龄方面，40 岁及以下占 28.57%、41～50 岁占 25%、51～60 岁占 39.29%、61 岁及以上占 7.14%；性别方面，男性和女性各占 50%；学科方面，工学占 25%、理学占 10.7%、经济学占 14.3%、管理学占 35.7%、文学占 7.1%、历史学占 3.6%、教育学占 3.6%；工作所在高校方面，985 高校占 64.29%、211 高校占 25%、其他高校占 10.71%。

本章研究对受访对象展开面对面的深度访谈，平均访谈时间为 50 分钟，其中访谈最长时间为 135 分钟，最短时间为 45 分钟，最终得到文字资料 15 余万字。整个访谈过程严格遵循扎根理论的研究范式，对访谈全过程进行录音和记录并转化为文字文档，并加注语气、表情等语音内容和现场观察标记。研究人员基于文本资料进行反复讨论和分析，并严格按照科研热情的定义进行筛选和处理，并对其进行编号，以便数据处理与分析。

5.2 范畴提炼与模型构建

5.2.1 开放编码

开放编码是一个打乱原材料，通过求同和求异分析的比较方法赋予概念以描述现象，并将概念进行范畴化来不断收敛原材料的过程。为了确保开放编码的顺利进行，研究者反复咀嚼原始材料，在充分熟悉和深刻理解材料之后才将原材料打乱，编码的过程不提前预设概念、完全跟着资料走。为了避免个人偏见，本书尽量使用受访者的原话作为初始概念。最终得到了 298 条原始语句和相应的初始概念。由于初始概念中有些存在重复及交叉的情况，又对所得初始概念进行整理归纳，仅选择重复频次在 3 次以上的初始概念，剔除重复频次少于 2 次以及前后矛盾的初始概念，最终提炼出 102 个概念、17 个范畴。其中，17 个范畴分别为：科研兴趣、本职工作、重要他人、工作自主性、组织支持、科研氛围、科研意义、科研投入、科研成果、激励政策、社会认可、个人使命、职业发展、科研主动性、科研自我效能感、享受过程的乐趣和享受成果的喜悦。由于篇幅原因，仅展示两条原始语句以呈现初始概念，且有些语句只呈现了与本章主题相关的部分语句。具体情况如表 5-1 所列。

表 5-1　开放编码范畴化

原始资料记载(示例)	概念化	范畴化
我年轻的时候就喜欢做一些科研项目	喜欢做研究	科研兴趣
对专业方面,其实很简单,因为我父亲是学历史的,我从小就对历史和文史都很感兴趣,就一直沿着这个方向走,而且我觉得我现在做的东西跟我的兴趣点完全契合	喜欢研究的内容	
高校老师本来就是要做研究啊,不干这个干什么呢	本职工作	本职工作
我觉得选择这个职业你首先是自己想不断提高的,不管是做项目还是发论文自己是一直在寻求新的知识和创造新的知识,这对自己的提高很重要,否则大学老师只是靠教书这一点,备完课后每年都讲相同的内容你也会觉得工作很无趣呀	职业要求	
北京大学地理系的一位教授到我们学校去做学术报告,我第一次听到了历史地理这个概念,当时我感觉非常兴奋	专家影响	重要他人
我的导师对我影响很大,他是一位很受人尊敬的老先生,他把我领进了科研大门,奠定了我做科研的基础,他经常跟我探讨问题,也进一步激发了我的科研热情	导师影响	
因为我父亲是学历史的,我从小就对历史和文史都很感兴趣	家人影响	
或许还有一个好处,就是相对自由和独立,没有领导盯你盯得那么紧,自己做好自己就行了,自己沉淀积累,就会越来越好,就会更加自由	工作自由和独立	工作自主性
你做的研究,是你喜欢做什么,就跟着自己的想法去做,也没有人强迫你,做的内容也是可以选择的	科研自主不受强迫	
其实搞科研要看平台,平台好了可能感觉就会比较顺,热情也会比较高,没有平台的话好像什么东西都差	科研平台	组织支持
再者就是经费的支持,虽然现在经费浪费很严重,但这个不是削弱经费支持的理由	科研资源	
我们也会有团队合作,有一些问题要跟其他老师一起斟酌	团队合作	
科研真的和氛围有关,师兄弟之间互相带着,会少走很多弯路	同门帮带	科研氛围
后来看到一些同学做实验很认真,他们投入了一定的热情去做,还会不断思考、不断拓展,然后就能不断创新,我受到了感触	同学认真	

（续表）

原始资料记载（示例）	概念化	范畴化
第二是在工作过程中确实遇到一些问题，我觉得用我所学的知识对其进行研究，有助于搞清楚这个问题的真正本质，寻找一些解决办法，从而对学院或者学校产生一些实际意义	解决实际问题	科研意义
这个东西对我来说可能是很有意义的，很重要的，那么我就会去尝试	有意义	
我现在能干什么就干什么，好好干，既然干了就干好，干好的过程中就慢慢有了兴趣	好好干	科研投入
在参加了很多课题之后，发现这个专业还是有点用的，能够提出一些很好的决议，如果能够被国家所采纳的话就最好了	参加课题	
拿到课题后我觉得对个人学术自信的建立也是很有帮助的，觉得自己的成果是得到肯定的，然后就越做越起劲，进入一个良性循环	申中课题	科研成果
因为做实验认真了，成果出来就容易了，我的热情就更高涨了	出成果	
你不需要看别人脸色，所有的产出都是你自己的	产出是自己的	
我想以后应该有一些物质激励，作为奖励也好	物质激励	激励政策
实际上，我觉得不管是薪酬激励还是职称激励都是需要的	薪酬和职称激励	
我们为浙江的一个市做了一个产业规划项目，研究报告提出当地产业国际化需要关注中美关系、中西关系，不仅要关注贸易问题，更要警惕美国的政治打压。果然发生了中美贸易摩擦，他们觉得我很有前瞻性，给了我极大的认可，我很开心	成果被认可	社会认可
还有同行的认可，因为做科研的起步阶段必须有成果，别人（同行）才能认识你	同行认可	
从工作本身来说，高校老师跟初中高中老师不一样，如果只靠那点课本知识来传道授业解惑是不够的，所以高校老师必须站在科研的第一线，才能把最新的东西传授给学生	责任心	个人使命
家庭教育以及父母职业，这些都会对自己有影响，然后你会在某个领域找到一种责任感和使命感	责任感和使命感	

（续表）

原始资料记载（示例）	概念化	范畴化
内在动机就是人在任何职位，如果不安于现状的话，都要有一个向上的职业发展需求	职业发展需要	职业发展
有啊，职业生涯的目标啊。这是最重要的吧。这是我职业生涯的目标，这个目标可以带来一些东西，但最重要的是我想要去完成它	职业生涯目标	
我属于专业技术人员，因为不想走仕途，就必须在学术上有所作为，光嘴上讲是不行的，所以就要有职称。这个职称也是对于我们最典型的一个外在认可，我就觉得是这个激励了我	职称评定	
后来我意识到我也要提高自己的主动性，不仅要认真做，还要带着自己的想法去做，要更多地去思考	认真主动做科研	科研主动性
你要有好奇心，还要有批判思维	批判思维	
我现在做科研很有信心了，遇到困难我不害怕，我从来不认为困难是不可逾越的，只是时间问题	做科研有信心	科研自我效能感
我有了科研经费，就能买足够的设施设备，这时我就能做自己想做的事情了，带学生也有经验了，找到了自己要发展的方向，沿着这个大方向，不断深入拓展，慢慢有成就感之后，我的自信就有了	自信	
实际上是自己在做科研的过程中的一种乐趣，不是我为了得一个奖而去做研究	过程中感到快乐	享受过程的乐趣
我受到了感触：原来应该 Enjoy your research！	享受科研	
觉得自己有个想法，通过计算机模拟，发现自己的想法跟别人比是有进步的，还是有点开心	科研成果带来快乐	享受成果的喜悦
当我的文章被我们这个领域的顶级期刊录用之后，我跟我的学生说：接受了！接受了！收到邮件的那一刻，我就很开心，我的内心都在笑	文章发表后的开心	

5.2.2 主轴编码

主轴编码是一个通过分类和比较的方法，明确范畴的属性和维度，以新的方式建立概念与范畴、范畴与范畴之间的内在联系，进一步聚合数据的过程。通过分析，最终获得 6 个主范畴：组织特征、工作特征、社会情境、科研认知、科研情感和科研意愿，如表 5-2 所列。

表 5-2　主轴编码形成的主范畴

主范畴	对应范畴	范畴的内涵
组织特征	科研氛围	组织中人人都积极参与科研的氛围
	组织支持	工具上是指组织通过提供更好的薪酬待遇、充足的科研资源、构建强大的学术平台、制定有效的科研政策、营造良好的科研氛围等手段支持科研活动；情感上是指为高校科研人员创造良好的科研工作氛围和团队；信息上是指组织为高校科研人员提供科研交流机会等
	激励政策	物质奖励和职称晋升等科研奖励及政策鼓励高校教师从事科研活动
工作特征	本职工作	从事科研活动是高校教师的本职工作之一
	工作自主性	决定工作、科研内容、方向、方法及获取科研资源上的自由和独立性
	科研成果	科研人员从事科研活动及其相关工作取得的成绩及其效益以及对科研成果的所有权
	职业发展	高校教师这个职业是职称导向，为了满足科研考核要求、获得职称认可和社会尊重就必须从事科研活动
社会情境	重要他人	父母、导师及专家等的教导、引导及影响
	社会认可	学生、领导、组织及社会对科研活动及科研成果的认可与肯定
科研认知	科研意义	个体对科研重要性、促进个人长期发展以及有益外部工作的主观性评价
	个人使命	视科研、知识创造等为个人使命，具有强烈的责任感
	科研自我效能感	相信自己有能力从事科研创新活动，并取得相应成果
科研情感	科研兴趣	对科研问题、科研活动本身及科研活动过程感兴趣
	享受过程的乐趣	从事科研活动的过程中感到开心和快乐，享受科研过程带来的乐趣
	享受成果的喜悦	科研活动的产出及其效益让人兴奋和开心
科研意愿	科研投入	科研人员投入时间和精力等参与科研活动
	科研主动性	对于感兴趣或好奇的问题或观点积极主动地研究探索

5.2.3 选择编码

选择编码是在主轴编码的基础上，通过“故事线”理顺主范畴的关系，且更系统地处理范畴与范畴之间的关联，进而形成理论框架的过程。在开放式编码和主轴性编码分析的基础上，本章进一步分析了各范畴之间的内在逻辑和关联关系，如表 5-3 所列，发现可以用“高校科研人员科研热情形成的影响因素”作为核心范畴，将所有相关联的变量联系起来。围绕“高校科研人员科研热情形成的影响因素”这一核心范畴的故事线为：组织特征（organizational characteristics）、工作特征（job characteristics）和社会情境（social characteristics），还有科研认知（research cognition）、科研情感（research affect）和科研意愿（research intention），基于该故事线建成高校科研人员科研热情形成的影响因素模型，如图 5-2 所示。促进高校科研人员科研热情的因素可以分为环境因素（组织特征、工作特征和社会情境）和个体因素（科研认知、科研情感和科研意愿），二者都可能直接促进高校科研人员科研热情的形成。同时，环境因素有可能通过个体因素来促进高校科研人员科研热情的形成。

表 5-3 主范畴的典型关系结构

典型关系结构	关系结构的内涵	受访者代表性语句示例(提炼出的关系结构)
组织特征→科研热情	科研氛围、组织支持和政策激励是促进高校科研人员科研热情形成的环境组织因素	后来看到一些同学做实验很认真，他们投入了一定的热情去做，还会不断思考、不断拓展，然后就能不断创新，我受到了感触。（科研氛围→科研热情）
		搞科研要看平台，平台好了可能感觉就会比较顺，热情也会比较高。（组织支持→科研热情）
		激励一方面是钱的问题，另一方面就是在职称竞争方面有没有倾斜性的问题。我觉得做任何的奖励激励、创新激励都应该和这些挂钩。（政策激励→科研热情）
工作特征→科研热情	本职工作、工作自主性、科研成果和职业发展需要是促进高校科研人员科研热情形成的环境工作因素	高校老师本来就是要做研究啊，不干这个干什么呢？既然干了就干好，干好的过程中就慢慢有了兴趣。（本职工作→科研热情）
		你做的研究，是你喜欢做什么，就跟着自己的想法去做，也没有人强迫你，做的内容也是可以选择的。（工作自主性→科研热情）

（续表）

典型关系结构	关系结构的内涵	受访者代表性语句示例(提炼出的关系结构)
工作特征→科研热情	本职工作、工作自主性、科研成果和职业发展需要是促进高校科研人员科研热情形成的环境工作因素	因为做实验认真了，成果出来就容易了，我的热情就更高涨了。(科研成果→科研热情)
		科研的热情这个是可以培养，当然如果你选定一个目标，就是沿着这个目标或者原来这条路一直走下去，不要三心二意。(职业发展需要→科研热情)
社会情境→科研热情	重要他人和社会认可是促进高校科研人员科研热情形成的环境社会因素	我的导师对我影响很大，他是一位很受人尊敬的老先生，他把我领进了科研大门，奠定了我做科研的基础，他经常跟我探讨问题，也进一步激发了我的科研热情(重要他人→科研热情)
		如果他有一点进步，你给他肯定的话，他就会慢慢地把这个兴趣就发展起来了(社会认可→科研热情)
科研认知→科研热情	高校科研人员对科研意义、将科研视为个人使命以及科研自我效能感的评价是促进科研热情形成的个体认知因素	第二是在工作过程中确实遇到一些问题，我觉得用我所学的知识对其进行研究，有助于搞清楚这个问题的真正本质，寻找一些解决办法，从而对学院或者学校产生一些实际意义。(科研意义→科研热情)
		我自己的话，首先是基于责任心，要把它做好。一件事情要做好，一定要精益求精。(个人使命→科研热情)
		慢慢有成就感之后，我的自信就有了，热情也更高涨了，这样的良性循环越来越多。(科研自我效能感→科研热情)
科研情感→科研热情	科研人员对科研内容和活动的兴趣、在科研过程中感到快乐以及科研成果带来的喜悦是促进科研热情的个体情感因素	科研的热情这个是可以培养，一要有兴趣，二要再看这个专业，你如果不热爱这个方向，是很难在这里做出成绩的。(科研兴趣→科研热情)
		我对科研热情实际上是来自自己在做科研的过程中的一种乐趣(享受过程的乐趣→科研热情)
		解决问题能让我很开心！当我的文章被我们这个领域的顶级期刊录用之后，我跟我的学生说：接受了！接受了！收到邮件的那一刻，我就很开心，我的内心都在笑！(享受成果的喜悦→科研热情)

（续表）

典型关系结构	关系结构的内涵	受访者代表性语句示例（提炼出的关系结构）
科研意愿→科研热情	高校科研人员对科研活动的投入和主动性是促进科研热情形成的个体意愿因素	随着自己研究的越来越深入，就越热爱。（科研投入→科研热情）
		科研的热情是可以培养，要有批判思维。要挑战权威，不要去屈从，实际上你还是去追求你自己认为是正确的。（科研主动性→科研热情）
科研认知→科研意愿→科研热情	高校科研人员对科研活动的认知（科研意义、个人使命、科研自我效能感）可能会通过影响其科研意愿（科研投入、科研主动性）进而促进科研热情的形成	还有一个就是如果我领头做这件事情，我组织人员，那我肯定要带领博士生一起组成团队做这件事情。（个人使命→科研投入→科研热情）
		拿到课题后我觉得对个人学术自信的建立也是很有帮助的，觉得自己的成果是得到肯定的，然后就越做越起劲，进入一个良性的循环。（科研自我效能感→科研投入→科研热情）
		第二是在工作过程中确实遇到一些问题，我觉得用我所学的知识对其进行研究，有助于搞清楚这个问题的真正本质，寻找一些解决办法，从而对学院或者学校产生一些实际意义。（科研意义→科研投入→科研热情）
科研情感→科研意愿→科研热情	高校科研人员的科研兴趣、科研过程中感到快乐或科研成果带来的喜悦都可能通过影响其科研意愿（科研投入、科研主动性）进而促进科研热情的形成	一开始是很朴素的感情，就是对历史感兴趣，对文化感兴趣。后来随着研究的积累和年龄的增长，你的认识可能就不那么单纯了，很多时候可能也不完全根据自己的兴趣出发，还要有一些更进一步的一些深入。我这个人不属于那种很聪明、很机灵的人，但是我有一个比较大的特点就是专注。随着自己研究的越来越深入，就越热爱。（科研兴趣→科研投入→科研热情）
		有的时候看到很多违背经济发展规律的一些现象发生，我就很感兴趣。看到某些观点，喜欢思考一些问题，可能认为不是很准确的话，就喜欢探索一下。（科研兴趣→科研主动性→科研热情）

（续表）

典型关系结构	关系结构的内涵	受访者代表性语句示例(提炼出的关系结构)
环境因素→个体因素→科研热情	组织特征、工作特征及社会情境等环境因素可能会通过影响个体因素(认知、情感、意愿)进而促进高校科研人员科研热情的形成	经过3～4年的摸索过程，直到2007年我才申请到第一个面上项目，于是我就有了科研经费，就能买足够的设备，这时我就能做自己想做的事情了。慢慢有成就感之后，我的自信就有了，热情也更高涨了。(科研成果→科研自我效能感→科研热情；组织支持→科研自我效能感→科研热情)
		如果他有一点进步，你给他肯定的话，他就会慢慢地把这个兴趣就发展起来了。之后就不仅仅是兴趣，还有对学术的自信和能力，科研热情也就一点点培养起来了。(社会认可→科研自我效能感→科研热情；社会认可→科研兴趣→科研热情)
		当我的文章被我们这个领域的顶级期刊录用之后，我跟我的学生说：接受了！接受了！收到邮件的那一刻，我就很开心，我的内心都在笑。(科研成果→享受成果的喜悦→科研热情)
		后来看到一些同学做实验很认真，他们投入了一定的热情去做，还会不断思考、不断拓展，然后就能不断创新，我受到了感触：原来应该Enjoy your research！再后来，我意识到我也要提高自己的主动性，不仅要认真做，还要带着自己的想法去做，要更多地去思考。因为做实验认真了，成果出来就容易了，我的热情就更高涨了。(科研氛围→享受科研过程→科研热情；科研氛围→科研主动性→科研热情；科研氛围→科研投入→科研热情)
		我们为浙江的一个市做了一个产业规划项目，研究报告提出当地产业国际化需要关注中美关系、中西关系，不仅要关注贸易问题，更要警惕美国的政治打压。果然发生了中美贸易摩擦，他们觉得我很有前瞻性，给了我极大的认可，我很开心。(社会认可→享受成果的喜悦→科研热情)

（续表）

典型关系结构	关系结构的内涵	受访者代表性语句示例（提炼出的关系结构）
环境因素→个体因素→科研热情	组织特征、工作特征及社会情境等环境因素可能会通过影响个体因素（认知、情感、意愿）进而促进高校科研人员科研热情的形成	大二或者大三的时候，北京大学地理系的一位教授到我们学校去做学术报告，我第一次听到了历史地理这个概念，当时我感觉非常兴奋，因为觉得就正好可以把我的兴趣跟我的专业结合在一起，所以从大三以后我就开始比较系统地去接触历史地理。后来就是考硕士，考博士，没有改变。然后就一直沿着这个方向走。（重要他人→科研兴趣→科研热情）
		其实这跟家庭背景有关，我父亲是做电机的，从小就会跟我讲这些东西，所以我后来学的是机电。家庭教育以及父母职业，这些都会对自己有影响，然后你会在某个领域找到一种责任感和使命感。还有一种可能是你自己喜欢某个老师的课，就会听从他们的建议。（重要他人→个人使命→科研热情）

5.2.4 理论饱和度检验

本书另外选择 5 名高校科研教师进行了深度访谈，并随机抽取其中 3 名访谈对象的资料进行理论饱和度检验。经过开放编码、主轴编码和选择编码三层

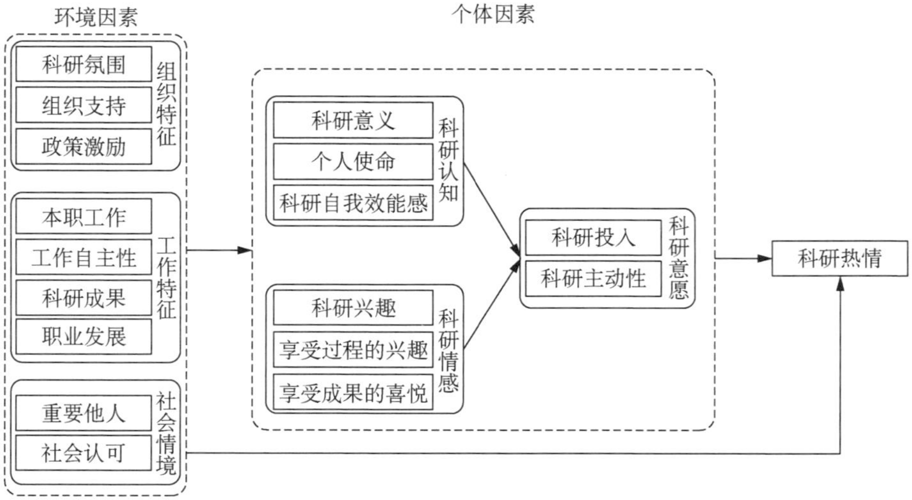

图 5-2　基于扎根理论的高校科研人员科研热情形成的影响因素模型

编码分析,没有发现新的概念、范畴,也没有产生新的关系,各范畴的维度也已经饱和。由此可以认为,本书得到的“高校科研人员科研热情形成的影响因素”模型通过理论饱和度检验。

5.3 高校科研人员科研热情形成的影响因素模型阐述

5.3.1 组织特征对高校科研人员科研热情形成的影响

Ryan和Deci(2000)基于自我决定理论探究个体内部动机、社会发展和幸福感等的促进因素时,认为组织中的环境因素或组织特征如果能够满足个体自主、能力和归属三大基本心理需求,则有助于个体强化其内在动机,进而促进其认知及行为的维持和提升。本章通过研究发现,组织特征是引发高校科研人员科研热情形成的环境组织因素,具体而言我们发现组织中的科研氛围、组织支持和政策激励特征容易促进高校科研人员科研热情的形成。科研氛围主要是指组织中人人都积极参与科研的氛围,当高校科研人员感受到组织或团队中人人都积极主动参与科研或身处浓厚的科研圈时,自身会受到感染并进行自我反思和思考,进而促进自身科研热情的形成。如访谈中一名高校科研人员表示:“刚开始我没有进入状态,我只想把实验完成,并不会深入思考。后来看到一些同学做实验很认真,他们投入了一定的热情去做,还会不断思考、不断拓展,然后就能不断创新,我受到了感触:原来应该Enjoy your research! 再后来,我意识到我也要提高自己的主动性,不仅要认真做,还要带着自己的想法去做,要更多地去思考。因为做实验认真了,成果出来就容易了,我的热情就更高涨了。”也有老师明确提道:“科研真的和氛围有关,师兄弟之间互相带着,会少走很多弯路。”

组织支持,工具上是指组织通过提供更好的薪酬待遇、充足的科研资源、构建强大的学术平台、制定有效的科研政策、营造良好的科研氛围等(工具性支持);情感上是指为高校科研人员创造良好的科研工作氛围和团队(情感支持);信息上是指组织为高校科研人员提供科研交流机会等(信息支持),以支持高校科研人员从事科研活动。周默涵等(2019)基于组织支持视角探讨高校海归教师科研进展满意度的影响因素时,发现组织的情感支持和信息支持对高校海归教师的科研进展满意度具有显著正向影响。同样,本章研究发现,组织支持能够促进高校科研人员科研热情的形成。高校科研人员比较关注高校或学院是否为其提供充足的科研资源、强大的学术平台、能够一起合作的科研团队以及科研交流的机会等。如访谈中有老师说道："其实搞科研要看平台，平台好了可能感觉就会比较顺，热情也会比较高，没有平台的话好像什么东西都差，尤其没有资源，这个是主要的。""再就是经费的支持，虽然现在经费浪费很严重，但这个不应该成为削弱经费支持的理由。因为做研究肯定需要经费，只有足够的经费支持，老师们才能去开会做调研。""总体而言是满意的，但是同事中做这一行的人很少，所以可以跟我交流的人不多。因为做研究很多就是同行交流，有什么想法就交流，但是现在就是交流不太好。""学校的话薪酬肯定是一种激励了，还有就是可能再给我们更多的机会吧。比如说现在更多出去交流的机会，包括国内开会、国外交流的机会。"已有文献关于组织层面对工作激情的影响因素研究主要聚焦于组织自主性支持：Liu 等(2011)研究发现组织自主性支持显著正向影响和谐型工作热情。而本章研究发现，由于高校科研人员工作性质的原因，高校科研人员对于组织自主性支持主要关注于财务报销方面的自主性，如"财务方面让我们多一点自由，少一点报销上的繁杂。""我觉得就是报销啊，我好多的时间，本来一些和科研有关的活动，很多报销不了，要求我报销的呢，很多又是没有发生的，所以你会花很多时间在这个上面，我觉得根本没必要。"

激励政策主要是指通过物质奖励和职称晋升等科研奖励政策来鼓励高校教师从事科研活动。组织明文规定的科研激励政策，有助于高校科研人员熟知从事科研活动能够带来的益处，并洞悉组织科研规范的具体规则，进而有助于高校科研人员促进其科研认同动机和个人科研意愿的形成，提升科研热情。如："激励内容可以这样评估。假如你是以科研为主，按你的学术论文就是 A＋什么的；如果说你是强调社会影响力，发报刊文章那也可以；如果你强调教学，就看你的教学视频在网上的影响力。把这些都综合起来，那还是可以的。我相信各有各的兴趣，如果在发展的过程中，能够把团队结合起来就会更好了。实际上，我觉得不管是薪酬激励还是职称激励，都是需要的。""当然奖励除了内部公平以外还要有外部公平，比如和其他学校老师相比，他们的奖励是多少，那我们自己的情况也要跟得上。激励一方面是钱的问题，另一方面就是在职称竞争方面有没有倾斜性的问题。我觉得做任何的奖励激励、创新激励都应该和这些挂钩。"

5.3.2 工作特征对高校科研人员科研热情形成的影响

本章通过扎根理论方法，发现工作特征是高校科研人员科研热情形成的环境工作因素。具体而言，高校科研人员的本职工作、工作自主性、科研成果和职业发展能够促进其科研热情的形成。安书乐(2016)认为，从狭义上讲，高校科研人员仅指在科学研究或研究系列岗位上，考核目标主要是科研产出的高校教职员工；从广义上讲，高校科研人员包括经常性从事科学研究工作并产生一些较高质量研究成果的高校师生员工。本书将高校科研人员定义为从事科研工作，同时又肩负教学任务的高校教师。而不论如何定义高校科研人员，高校科研人员的主要工作是从事科学研究工作的同时又肩负着教学任务，同时还要培养学生等。如此，高校科研人员的本职工作之一便是从事科研活动，他们在选择高校教师这个职业时就已经明确知道作为高校教师的工作任务是哪些，即高校教师相当程度上认同其本职工作，进而促进其科研热情的形成。访谈中，我们也发现很多老师从事科研活动是基于本职工作的要求，然后就慢慢有了热情。如"高校老师本来就是要做研究啊，不干这个干什么呢?""现在都很职业化，一个月里有那么一两次会有一些负面情绪，比如说投稿被拒，但是很快就会调整过来的，因为这就是一份职业，你需要去做这些事情。"

工作自主性主要是指高校科研人员决定工作、科研内容、方向、方法及获取科研资源上的自由和独立性。已有研究表明自主性支持的工作环境能够促进个体工作热情的发展(Mageau et al., 2009; Liu et al., 2011), Fernet 等(2014)以教师为研究对象，发现工作自主性正向影响教师的和谐型工作热情，负向影响强迫型工作热情。本章研究发现，高校科研人员自主决定其科研内容、方向、方法等的工作特性，有助于其实现心理上的自由，进而促进其科研热情的形成。访谈中有老师提到其坚持科研并对科研保持较高热情的原因是其心理上的自由，如"我其实每天都来办公室，但如果要求我天天来，心里就不舒服了。我天天来是因为我自己想来，万一我有什么事情，我随时可以不来，但这种不来的时间很少。还有你做的研究，是你喜欢做什么，就跟着自己的想法去做，也没有人强迫你，做的内容也是可以选择的。"也有老师提道，其科研热情首先是因为高校教师这个职业比较灵活和自由，不受他人太多约束，更像是自我管理，如"你在任何企业里面，有可能碰到好的上司和不好的上司，会遇到好的顾客和不好的顾客，但是在学校，顾客就是自己的学生，每天都是跟年轻人打交道，心态会特别放松，上面是没有老板的，其实就是自由职业者，就自己管理自己，而且有大量的空闲时间。尤其是有了小孩之后，在企业里请个假是很难的，但高校教师则完全可以自己支配时间""我很喜欢研究，也不枯燥，而且当老师是一个很灵活的职业，时间很灵活。""可能还有一个好处，就是相对自由和独立，没有领导盯你盯那么紧，自己做好自己就行了，自己沉淀积累，就会越来越好，就会更加自由。"

科研成果主要是指科研人员从事科研活动及其相关工作取得的成绩及其效

益以及对科研成果的所有权。已有研究更多地关注个体工作热情对其工作绩效等的积极作用(Baum, Locke, 2004; Cardon, Kirk, 2015; Dronvsek, Patel, 2016),也有研究开始关注绩效对热情的影响。Collewaert 等(2016)通过长达 10 个月的三次调研研究发现,在经济衰退和萧条时期,创业绩效一般会下降,导致创业者的创业热情也会随之衰退。Lex 等(2020)认为,员工在工作方面取得的成功能够积极影响其工作热情。同样,本章研究发现,高校科研人员从事科研活动及其相关工作取得的成绩、科研成果带来的效益以及对科研成果的所有权等都能够促进其科研热情的形成。正如访谈中有老师提道:“因为做实验认真了,成果出来就容易了,我的热情就更高涨了。”“你不需要看别人脸色,所有的产出都是你自己的,当然这个产出不一定能转化为金钱,但是还是自己的,而且现在当老师收入也不是很差。”“上课备课也是在提高自己,包括论文、国家给你的奖励,这些东西是跟着你走的,比如有一天你不想在这所学校待了,想去别的高校或想出国,这些文章是永远跟着你的,所以说是全部给自己打工。”

职业发展是指高校教师这个职业是职称导向,为了满足科研考核要求、获得职称认可和社会尊重就必须从事科研活动。职业发展也是个体目标追求的一种方式,已有研究表明个体追求目标倾向会显著影响工作热情(Bélange et al., 2015)。具体而言,个体在实现目标过程中,会遵循行动导向和评估导向两种模式,其中行动导向是直接由当前状态转向新的状态,这种模式将导致和谐型激情;评估导向是个体先对当前状态和新状态的价值进行评估和比较,这便刺激了对预期结果可能性的外生体验和非自主性动机,将导致强迫型激情。本章研究发现,较多高校科研人员在选择从事高校教师这个职业的时候,就充分考虑到高校教师职业的发展需要,如有老师提道:“我这个职业就是必须以职称为导向,没有职称的话其他做的都是虚的,发表了再多的论文、拿了再多的项目,如果没有职称的话,其实等于说对自己而言,没有一个东西来认可你。”“内在动机就是人在任何职位,如果不安于现状的话,都要有一个向上的职业发展需求。”“我实际上是签了终身合同的,那么我为什么还要有动力,因为我还是有一个目标的。”“有啊,职业生涯的目标啊。这是最重要的吧,这是我职业生涯的目标,这个目标可以带来一些东西,但最重要的是我想要去完成它。”“在高校,我认为职称是一种认可,是自我实现,包括校外交流、校内授课,别人都会更认可你。”

5.3.3 社会情境对高校科研人员科研热情形成的影响

社会情境是引发高校科研人员科研热情的环境社会因素。本章研究发现,重要他人和社会认可容易推动高校科研人员科研热情的形成。重要他人主要是指父母、导师及专家等。已有研究发现，父母对活动的评价能够促进小孩对该活动的热情(Mageau et al., 2009)。本章研究发现，除了父母外，导师和领域内的专家也能够引发高校科研人员的科研热情，如“我的导师对我影响很大，他是一位很受人尊敬的老先生，他把我领进了科研大门，奠定了我做科研的基础，他经常跟我探讨问题，也进一步激发了我的科研热情。”“家庭教育跟父母职业，这些都会对自己有影响，然后你会在某个领域找到一种责任感和使命感。还有一种可能是你自己喜欢某个老师的课，就会听从他们的建议。”“大二或者大三的时候，北京大学地理系的一位教授到我们学校去做学术报告，我第一次听到了历史地理这个概念，当时我感觉非常兴奋，因为觉得就正好可以把我的兴趣跟我的专业结合在一起，所以从大三以后我就开始比较系统地去接触历史地理。后来就是考硕士，考博士，没有改变。然后就一直沿着这个方向走，而且我觉得我现在做的东西跟我的兴趣点完全契合。”

社会认可主要是指学生、家人、老师、领导、组织及社会对科研活动及科研成果的认可与肯定。已有研究发现，父母对活动的评价能够促进小孩对该活动的热情(Mageau et al., 2009)，即周边人对某一活动的积极评价有助于其对该活动形成和保持热情。本章研究也发现学生、家人、老师、社会等对科研活动及科研成果的认可与肯定容易引发高校科研人员科研热情的形成，就好像“如果他有一点进步，你给他肯定的话，他就会慢慢地把这个兴趣就发展起来了。之后就不仅仅是兴趣，还有对学术的自信和能力。”“我自己是比较喜欢科研的。因为我受到了家长(高中期间)以及硕导(研究生期间)的认可，总的来说，是不错的。”“作为一个青年学者，特别希望得到大家的肯定，或学术界的肯定。”“我们为浙江的一个市做了一个产业规划项目，研究报告提出当地产业国际化需要关注中美关系、中西关系，不仅要关注贸易问题，更要警惕美国的政治打压。果然发生了中美贸易摩擦，他们觉得我很有前瞻性，给了我极大的认可。”

5.3.4 科研认知对高校科研人员科研热情形成的影响

科研认知是高校科研人员基于自身认识和环境影响所形成的对科研活动的目的、意义和价值的根本认知与态度。已有研究表明，个体对活动的认知能够影响其对该活动热情的形成：Kong(2016)研究发现组织认同显著正向影响员工的和谐型和强迫型工作热情；Murnieks 等(2020)研究发现创业人员的创业身份认同中心性能够显著预测其和谐型创业热情。本章研究发现，高校科研人员的科研认知包括科研意义、个人使命和科研自我效能感,这些容易引发高校科研人员科研热情的形成。科研意义是指高校科研人员对科研重要性、促进个人长期发展以及有益外部工作动机的主观性评价。科研意义包括三个部分:科研活动中的心理意义,即高校科研人员对科研活动是否有意义、有价值的判断;科研活动中的意义创造,即高校科研人员认为科研时其生活意义的重要来源,高校科研人员通过科研活动帮助自我成长等;强烈的友善动机,即认为科研活动及其成果对他人(如学生、家人等)、学院,乃至国家和社会具有广泛的积极影响(Steger et al., 2012)。已有研究表明,工作意义对员工工作满意度、组织承诺、工作投入等均具有积极影响(Akanbi and Itiola, 2013; Steger et al., 2012)。本章研究发现,科研意义容易引发高校科研人员科研热情的形成,如"第二是在工作过程中确实遇到一些问题,我觉得用我所学的知识对其进行研究,有助于搞清楚这个问题的真正本质,寻找一些解决办法,从而对学院或者学校产生一些实际意义。""从工作本身来说,高校老师已经跟初中高中老师不一样,如果只靠那点课本知识来传道授业解惑是不够的,所以高校老师必须站在科研的第一线,才能把最新的东西传达给学生。另外,我觉得创新动机既有外部的又有内部的,内部我觉得选择这个职业你首先是自己想不断提高的,不管是做项目还是发论文,自己是一直在寻求新的知识和创造新的知识,这对自己的提高很重要,否则大学老师只是靠教书这一点,备完课后每年都讲相同的内容你也会觉得工作很无趣呀。"

个人使命是指高校科研人员视科研、知识创造等为个人使命,具有强烈的责任感。已有研究表明,当个体工作受个人使命等驱动时,会将工作视为其人生中不可分割的一部分,其工作目的不完全是为了外在的经济收入或社会名誉,更多的是为了实现个人主观意义、成就和贡献等(赵斌,韩盼盼,2016)。将科研视为自我使命或对科研具有强烈的责任感的高校科研人员完全出于个人意愿从事科研活动,且不为外部利益所左右,此部分科研人员在从事科研活动时能够更快和更深入地将科研活动自主性地内部化为自我身份,进而形成科研热情。访谈中不少老师也有提到其科研热情部分源于其对科研的使命感和责任感,如"因为我们有申请课题要做呀,我带了硕士、博士,不做课题的话,他们也毕不了业。还有就是我们是很有责任感的,课题申请下来了就要好好做,做不好会上黑名单的,以后申请课题就会很麻烦。""我就觉得,要说谁有这么高尚的情操,说得有些大了。我自己的话,首先是基于责任心,要把它做好。一件事情要做好,一定要精益求精。要有危机感,没有危机感可能大家就没有这么努力了,当然也要看人了,凡是有责任心的,比较认真努力的,他会重视你的指标,他会跟着你的指标跑。""实际上如果我是普通教授,只要满足普通要求即可,因为年龄也大了,但我是学科负责人,学院说,我个人的特殊性就在于我是年轻教授,38 岁的时候评的教授,自然学院就会把一些事情交给你。还有一个就是如果我领头做这件事情,并组织人员,那我肯定要带领博士生一起组成团队做这件事情。"

科研自我效能感是指高校科研人员相信自己有能力从事科研创新活动,并取得相应成果。自我效能感高的人预期他们的工作将会取得成功和令人满意的结果(Bandura, 2005; Cardon, Kirk, 2015)。期待这些积极的结果会激发对任务的积极感受,如热爱、兴奋、深度沉浸和享受,这些感受也即工作热情的特征(Bandura, 2005; Baum, Locke, 2004; Cardon, Kirk, 2015)。如此,自我效能感高的员工更可能对其工作产生热情。本章研究也发现,高校科研人员的科研自我效能感容易促进其科研热情的形成,如"刚开始带学生做科研是一个磨合的过程,思考自己研究领域的切入点,这很艰难,因为发现科学问题不是一件容易的事情。经过 3~4 年的摸索过程,一直到 2007 年我才申请到第一个面上项目,于是我就有了科研经费,就能买足够的设施设备,这时我就能做自己想做的事情了。慢慢有成就感之后,我的自信就有了,热情也更高涨了。这样的良性循环越来越多,我也就敢挑战更多全新的领域。""我现在做科研很有信心了,现在遇到困难,我不害怕,我从来不认为困难是不可逾越的,只是时间问题。""对我来讲,做课题很顺手很轻松,但是就是时间问题。"

5.3.5 科研情感对高校科研人员科研热情形成的影响

科研情感是指科研人员对科研内容、过程或者活动本身的情感反应。本章研究发现,高校科研人员的科研兴趣、享受过程的乐趣和享受成果的喜悦容易引发其科研热情的形成。科研兴趣是个体对科研活动的倾向性积极情感,一方面,科研兴趣可以是天生的、与生俱来的;另一方面,科研兴趣可能是科研人员反复接触和了解科研活动之后,随着自身科研知识的不断积累而逐渐发展形成的,也可能是科研人员根据自己的需要,在自己强烈愿望的基础上建立和发展起来的(宋希仁,1989)。科研兴趣包含对科研活动本身感兴趣的直接科研兴趣和对科研活动产生的结果感兴趣的间接科研兴趣(叶奕乾 等,2010)。直接科研兴趣源于科研人员的好奇心和求知欲,是科研人员探索未知科研问题、挑战全新科研领域过程中所产生的兴趣。间接科研兴趣源于科研人员对科研活动产生的结果的认识,是科研人员对科研活动带来的自尊、职称认可、社会认可、科研奖励等结果所产生的兴趣。这两种类型的兴趣产生的原因虽然不同,但是作为一种重要的内在推动力，科研兴趣促使科研人员积极主动认识、探索科研的乐趣并持续参与科研活动（姚本先，2000）。热情的第一个判定条件是个体对某一活动充满强烈的积极情感倾向（Vellerand et al.，2003），兴趣驱动的高校科研人员能在科研活动的过程中感知到快乐、满足、喜悦等积极情绪，增强对科研活动的情感认同，对科研活动产生强烈的积极情感倾向，促进科研热情的形成。正如访谈中老师们说道："首先，跟自己的爱好有关，我很喜欢研究，也不觉得枯燥。""我还是挺喜欢的，如果可以解决实际问题，并能以此发表论文，那也是一种成就感。如果能获得一点利益那就更好。""我真的很喜欢做科研，不让我做，我会觉得很难受。不断钻研是我人生的乐趣。"

享受过程的乐趣主要是指在从事科研活动的过程中感到开心和快乐。享受成果的喜悦主要是指科研活动的产出或其效益让人兴奋和开心。Vallerand 等（2003）在提出热情的定义时，提出热情三要素之一是对所从事活动的喜爱；而后续学者在对工作热情和特定情境下的创业者热情的定义中则提到员工或创业者对工作或创业活动的热爱源于喜欢（Cardon et al.，2013；Vallerand et al.，2019）；聚焦到特定情境下的创业者热情，Cardon 等（2013）认为创业者的创业热情除了其对创业活动的喜欢外，也可以是创业活动本身或过程或结果让人兴奋；Chen 等（2020）认为员工工作热情的积极情感源于其对工作的喜欢、兴奋，在工作过程中体会到乐趣等。本章研究发现，高校科研人员在科研过程中的乐趣以及科研成果带来的喜悦等积极情感容易促使其科研热情的形成，如"实际上是自己在做科研的过程中的一种乐趣，没有说是我为了得一个奖而做研究。也不是为了发论文，因为我签了长期合同，所以以后就不急着发论文了，如果能有好的想法我就慢慢做，质量差的文章就不要发了。""后来看到一些同学做实验很认真，他们投入了一定的热情去做，还会不断思考、不断拓展，然后就能不断创新，我受到了感触：原来应该 Enjoy your research。""当我的文章被我们这个领域的顶级期刊录用之后，我跟我的学生说：'接受了！接受了！'收到邮件的那一刻，我就很开心，我的内心都在笑。"

5.3.6 科研意愿对高校科研人员科研热情形成的影响

科研意愿是指个体在特定的承诺目标上以某种方式行动的倾向。行动是由心理表征的意愿所引导的，意愿是用来指导有目的的行动。本章研究发现，高校科研人员的科研意愿（包括科研投入和科研主动性）容易促使其科研热情的形成。科研投入主要指科研人员投入时间和精力等参与科研活动的倾向。

Gielnik 等(2015)认为行为导致结果，随后对结果的评估过程导致情感体验，并基于长达 8 周的纵向研究发现创业者的创业努力行为能够预测其创业热情。本章研究发现科研投入容易促进高校科研人员科研热情的形成，如"我觉得我这个人没特定的兴趣，但兴趣又很广泛——想做的事很多，但有时候不一定能做。所以，我现在能干什么就干什么，好好干，既然干了就干好，干好的过程中就慢慢有了兴趣。教学研究有个好处是每天做的事情是不一样的。研究的课题每个都不同，课题交流过程中对个人也会有提升。什么事情干起来了就有兴趣。""有的时候看到很多违背经济发展规律的一些现象发生，我就有了研究的兴趣。而且在参加了很多课题之后，发现这个专业还是有点用的，能够提出一些很好的决议，如果能够被国家所采纳的话就最好了。"

科研主动性指科研人员对于感兴趣或好奇的问题或观点积极主动地去研究、探索的倾向。科研主动性强的科研人员更容易就现实或理论问题付诸科研行动，进而促进其科研热情的形成。对于那些缺乏主动性的科研人员而言，对科研的热情可能只是停留在精神层面上却不付诸行动，故科研热情较难形成。本章研究发现，高校科研人员的科研主动性容易引发科研热情的形成，如"我意识到我也要提高自己的主动性，不仅要认真做，还要带着自己的想法去做，要更多地去思考。因为做实验认真了，成果出来就容易了，我的热情就更高涨了。""要有批判思维，要挑战权威，不要去屈从，实际上你还是去追求你自己认为是正确的、追求真理。所以，我觉得这一点很重要。第三，如果你选定一个目标，就是沿着这个目标或者原来这条路一直走下去，不要三心二意。""做科研必须要有主动性，认真主动去做和敷衍被动去做，结果完全是不一样的。"

5.3.7 影响因素之间的逻辑关系

图 5-2 所示的模型关于高校科研人员科研热情形成的环境因素和个体因素，它们之间的逻辑关系涉及以下几方面：

第一，环境因素按照组织特征、工作特征和社会情境分为三大类，而这三类环境因素相互独立，可以单独影响高校科研人员科研热情的形成，也可以两两交互或同时对高校科研人员科研热情的形成产生叠加的促进作用。

第二，个体因素按照科研认知、科研情感和科研意愿分为三类。在科研认知方面，当科研人员基于自身认识和环境影响形成了对科研活动目的、意义和价值等的积极评价时，容易促进科研热情的形成；在科研情感方面，对于科研内容或活动本身兴趣、在科研过程中享受录取、科研成果带来喜悦等积极情感或情感体验，容易促进高校科研人员科研热情的形成；在科研意愿方面，当高校科研人员对科研活动具有较强的主动性或愿意为之投入时间、精力等时，更可能促使其科研热情的形成。

第三，科研认知可能通过科研意愿引发更多的科研热情。已有关于员工工作价值导向的研究表明，个体工作受工作意义、个人使命等驱动时，将工作视为其人生不可分割的一部分，其工作的目的不完全是为了外在的经济收入或社会名誉，更多的是为了实现个人主观意义、成就和贡献等（赵斌，韩盼盼，2016）。那些认同科研意义或者将科研视为使命且相信自己有能力从事科研创新活动，并取得相应成果的科研人员完全出于个人意愿积极主动地从事科研活动，且不为外部利益所左右，此部分科研人员在从事科研活动时能够更快且更深入地将科研活动自主性地内部化为自我身份，进而促使其科研热情的形成。例如，“在工作过程中确实遇到一些问题，我觉得用我所学的知识对其进行研究，有助于搞清楚这个问题的真正本质，寻找一些解决办法，从而对学院或者学校产生一些实际意义。”

第四，科研情感可能通过科研意愿促进科研热情的形成。有研究表明，个体对工作的喜欢、兴奋，以及在工作过程中体会到乐趣等对工作意愿有正向影响，且个体工作意愿或努力显著影响正向工作热情（Gielnik et al.，2015；Lex et al.，2020）。个体对于工作的积极情感或情感体验能够促使个体更加愿意投入时间和精力于该工作，随着工作的不断深入和积累，原本较为朴素的喜欢逐渐过渡到工作热情。正如访谈中有的老师所说的：“一开始是很朴素的感情，就是对历史感兴趣，对文化感兴趣。后来随着研究的积累和年龄的增长，你的认识可能就不那么单纯了，很多时候可能也不完全根据自己的兴趣出发，还要有一些更进一步的深入。我这个人不属于那种很聪明、很机灵的人，但是我有一个比较大的特点就是专注。随着自己研究的越来越深入，就越热爱。”

第五，环境因素可能会直接促使高校科研人员科研热情的形成，但很大程度上是通过影响高校科研人员的认知、情感或意愿进而促使科研热情的形成。例如，“经过 3～4 年的摸索过程，直到 2007 年我才申请到第一个面上项目，于是我就有了科研经费，就能买足够的设备，这时我就能做自己想做的事情了。慢慢有成就感之后，我的自信就有了，热情也更高涨了。”“后来看到一些同学做实验很认真，他们投入了一定的热情去做，还会不断思考、不断拓展，然后就能不断创新，我受到了感触：原来应该 Enjoy your research！再后来，我意识到我也要提高自己的主动性，不仅要认真做，还要带着自己的想法去做，要更多地去思考。

因为做实验认真了，成果出来就容易了，我的热情就更高涨了。”“我们为浙江的一个市做了一个产业规划项目，研究报告提出当地产业国际化需要关注中美关系、中西关系，不仅要关注贸易问题，更要警惕美国的政治打压。果然发生了中美贸易摩擦，他们觉得我很有前瞻性，给了我极大的认可，我很开心。”这些例子均体现出环境因素会通过高校科研人员的认知、情感和意愿来促使其科研热情的形成。

5.4 高校科研人员科研热情形成的阻碍因素

在访谈过程中，受访教师们不仅提到其科研热情形成的促进因素，也提到了科研热情形成的阻碍因素，为此本节进一步归纳汇总高校科研人员科研热情形成过程中的阻碍因素。

5.4.1 经济压力对科研热情的阻碍

在访谈过程中，不少教师(尤其是青年教师)都提到经济压力迫使老师们无心科研，都在想着如何摆脱经济压力，提升薪酬等。如“因为我自己比较喜欢我的这份工作，反正在这个大环境下，给这么多就只能接受。但是有很多老师，有房子压力，这点收入对他们来说没法安心工作。”“首先我觉得激励创新得解决大家的生活问题，就是让大家觉得不会为了生计、金钱去外面到处讲课，或者做一些跟科研没有关系的事。所以说，我觉得起码要让老师过上一个比较体面的生活。”访谈中我们还发现，青年教师除了经济压力，还面临着科研资源和平台等压力。如“应该多去问问中青年老师，他们现在是压力最大的。实际上我们这一代是最幸运的，正好是改革开放的受益一代。如果学校可以的话，应该多给中青年教师一点帮助，特别是对于年轻老师，应该多带带他们。”“总体而言是满意的，但是同事中做这一行的人很少，所以可以跟我交流的人不多。因为做研究很多就是同行交流，有什么想法就交流。但是现在就是交流不太好。”“感觉学校里面很多资源也没有充分支持到年轻老师，很多项目有基础的人基本都拿走了。实际上，很多项目没有太多地支持基础薄弱的人。”

5.4.2 考核制度对科研热情的阻碍

在访谈中，我们了解到比较多的教师对其所在高校或学院制定的考核制度和激励制度等都还算满意，但也有些许教师认为其所在单位当前的或者之前的考核制度或激励制度，不仅不能激励高校教师从事科研，反而有一定的阻碍作用。如“如果说是要激励高校科研人员出更多成果的话，我觉得最直观的一点还是考核制度方面要做出调整。拿我们学院来说，刚开始其实并不太注重科研奖励这一块，这方面的制度也不太完善。所以，很多年轻老师过来以后不愿意做科研。我认为首先从制度这块，奖励制度和考核制度要先做好。当然奖励除了内部公平以外还要有外部公平，比如和其他学校老师相比，他们的奖励是多少，那我们自己的情况也要跟得上。激励一方面是钱的问题，另一方面就是在职称竞争方面有没有倾斜性的问题。我觉得做任何的奖励激励、创新激励都应该和这些挂钩。”“像我们学校这种科研考核和科研激励，实际上是相对受众面比较小的。例如发论文奖励，规定 A，B 类刊就有奖励，C 类刊奖励很少，D 类刊就没有奖励，但是 A，B 类刊每个学科就定了几种而已，非常少。大家都急着往那上面发，能发的人毕竟有限，所以说这种比较狭窄的激励机制，可能不利于调动教师的积极性。因为我努力了可能就是发不了那几大类期刊，那么我可能觉得差距有点大。这是一个奖励机制的问题。”“教学方面我觉得规定得太死了，比如出题必须出四种类型，必须给标准答案，标准答案必须具体到给多少分，我觉得文科尤其是商科的东西是没有对错的，只要学生自己说得有理，为什么要给标准答案呢。我觉得还是不够信任大学老师，过于干涉，有时候担心有些老师不负责任。但是随着高校老师的学历越来越高，素质越来越高，我觉得管得太死，这样反而会影响到老师的创新性。”“我们现在的评价体系里面，好像没有一个体系是促进大家交流的，包括团队的绩效怎么算等，如果只认第一作者，那你的机会就很少。如果都认的话肯定会促进大家更愿意合作。那团队的交流就可以更广，也更容易把整个学校、学院的氛围带起来。”

5.4.3　财务报销对科研热情的阻碍

访谈中我们还发现，不少高校教师都有提到他们在财务报销方面花费的时间和精力较多，报销制度给教师们的自主性太小，从而削弱了高校教师的科研积极性和热情。如“那学校就制定一些好的科研制度，多给老师一点劳务费。另外，我觉得老师应该多动脑去搞课题研究，而不是费神去弄报销，就因为报销这个事，我都不想再申请课题了。”“我觉得文科的科研和理工科的还不一样，因为我们没有实验室，其实大部分的投入都是这些科研人员自己的时间和精力，但是你又不给这些科研人员时间精力相应的劳务费啊，我觉得是不合理的。”“我觉得就是报销啊，我好多的时间，本来一些和科研有关的活动，很多报销不了，要求我报销的呢，很多又是没有发生的，所以你会花很多时间在这个上面，我觉得根本没必要。”“还有财务方面让我们多一点自由，少一点报销上的繁杂。”“比如说科研经费报销还是有一些问题。现在有一个改进，就是劳务支出可以占到科研经费的50%。那等于说是承认脑力劳动者应该有成本的。我觉得很多东西都可以简化处理，做项目很多都是脑力消耗，像实验室报销都是大型设备，二者完全不一样，但是这两个报销却走一样的流程，就很奇怪了。”

5.4.4 教学任务对科研热情的阻碍

关于教学与科研之间的关系，我们在访谈中发现存在两种观点：一种观点是认为教学与科研是相辅相成的，科研过程或科研成果中的新知识、新内容可以用于教学，为学生提供最新的知识，以提升教学质量；在教学过程中，学生的肯定和积极反馈等有助于提升教师的成就感和主动性，进而积极溢出到其科研热情上。如“在学校的话，顾客就是自己的学生，每天都是跟年轻人打交道，心态会特别放松。”“高校老师已经跟高中初中老师不一样，如果只靠那点课本知识来传道授业解惑是不够的，所以高校老师必须站在科研的第一线，才能把最新的东西传达给学生。”另一种观点是认为，教学工作任务较多，导致教师们没有多余时间用于科研，从而削弱了科研热情。如“就现有的人员来讲，我们的本科生比较多，硕士点也比较多，设了好多硕士点，这样老师的教学工作量就会比较多，因此科研时间的投入相对就会少。其实，对于新进来的博士来说，最重要的就是发论文，但是让他们带新课，就会花很多时间。所以，他们没有很多时间用在科研上面，对他们来讲，科研的压力就特别大。”“第一，很多老师经常反映时间不够，主要是教学工作量很大，很多行政性的事务，就比方说坐班答疑制度，要求教师没有事就必须坐在办公室，但常态却是老师经常仅仅坐在办公室里面，而没有学生。很多老师反映时间被耽误了，没有时间做研究。”“现在上课上多了觉得很累，状态不是很好，就不利于研究，导致不愿意上课。其实两方面都焦虑，一方面是研究很焦虑，另一方面上课也没有享受到上课的乐趣。”

5.4.5 科研压力对科研热情的阻碍

压力与热情间的关系同教学与科研间的关系类似：适度的压力有助于促进高校教师的动力，进而促进科研热情的形成，而科研压力过大则会削弱科研热情。如“压力和兴趣之间就是天平的两边，是此起彼伏的，比方说你的兴趣足够强，你是可以抵抗那个压力的，你的兴趣不够强的话，你就会屈从于压力。”“我觉得(热情和压力)应该是相互的。因为纯粹的有热情,除非对一件事特别狂热,而我觉得大部分人没那么狂热,所以一般有一定的压力,但是压力不能太大,一定的压力能促使你去做东西,可能就慢慢喜欢上了,就会有热情。压力太大会把一部分人的热情给打消掉。不过这种尺度的话可能难把握。”“当前的科研压力不会挫伤我的科研积极性,我觉得压力和积极性之间没有必然的联系。因为科研积极性是内部的,尤其是成年人,像小孩子,给个糖豆就行。对于成年人而言,压力和积极性应该没有必然联系。相反,一定的压力还能促进积极性。所以,就我个人来讲,比如说必须申请自然基金,是有压力吧,但是我还是会申请。”从访谈中我们了解到,当下部分高校教师认为其面临的科研压力很大,有的甚至严重影响到其身体健康等,从而导致其科研热情消退,甚至萌生了不想再从事科研活动的想法。如“如果重新选择,我一定不当老师。压力太大了,我有的时候组会开到晚上九点,走的时候实验室有很多灯是亮着的。很多男老师周末都来,怕被淘汰。像我们系里之前有很多从日本回来的博士,都去做教务了。”“代价是惨重的,我们的身体或多或少都有点问题。”

同时,访谈中也有教师提到,不同年龄段的老师对于科研压力和科研热情间关系的感触存在差异。如“至于现在的工作压力,应该是分不同的年龄段。我现在看得比较开,因为经历过,其实现在压力没有以前大了,工作热情还是有的。评上教授以后,其实也是要看处于什么阶段,比如说如果还年轻,刚评上教授,因为它还是有一个向上的空间,什么二级教授,三级教授,四级教授之类的,有的人还有往上的目标。据我观察,我们学院的教授,他们压力还是很大的。我觉得可能现在五十岁以上的教授没有那种特别想往上冲的压力了。”“领导是按照学院绩效目标来考核,他不会仅仅根据学生认可你就决定考核结果,你还是得拿出东西来。对我来说,还是慢慢积累。我的兴趣比我要实现那个目标更重要,若我积累到那个程度,该上就上。(这也和年龄)有关系。我不到这个年龄,我是感受不到的。”

5.5 结语

本章对高校科研人员科研热情形成的影响因素进行了全面且系统的考察,结果发现:第一,组织特征(科研氛围、组织支持和政策激励)、工作特征(本职工作、工作自主性、科研成果和职业发展)、社会情境(重要他人和社会认可)、科研认知(科研意义、个人使命和科研自我效能感)、科研情感(科研兴趣、享受过程的乐趣和享受成果的喜悦）和科研意愿（科研投入和科研主动性）会促使高校科研人员科研热情的形成；第二，环境因素（组织特征、工作特征和社会情境）可能会通过影响个体因素（科研认知、科研情感和科研意愿）进而促进科研热情的形成；第三，科研认知可能会通过影响科研意愿进而影响科研热情的形成；第四，科研情感也可能会通过影响科研意愿进而促进高校科研人员科研热情的形成。同时，本章也基于访谈内容，对高校科研人员科研热情的阻碍因素进行了整理和汇总，发现经济压力、考核制度、财务报销、教学任务和科研压力等可能会对高校科研人员科研热情的形成产生阻碍作用。

6　高校科研人员薪酬体系存在问题的原因分析

通过前期调查发现，目前高校科研人员薪酬体系存在的问题包括：整体收入水平偏低；收入受职称、年龄和受教育情况影响较大；知识价值没有得到充分体现；缺少分类管理；科研经费管理不够人性化等。通过薪酬满意度调查发现：薪酬总体满意度一般、感知薪酬水平偏低、薪酬激励效果不明显、激励方式单一、缺少内在激励、薪酬政策制度有待完善。

这些问题的形成，往往有多方面的原因，包括：薪酬制度、高校自身、科研人员个体和科研经费管理等，结合制度环境的变化和不同地区、不同高校制度文件的比较，我们对所发现的问题进行了深入剖析。

6.1　薪酬制度因素

6.1.1　绩效工资改革重保障、轻激励

2006年，国务院先后发布了《事业单位工作人员收入分配制度改革方案》《事业单位工作人员收入分配制度改革实施办法》《关于公务员工资制度改革和事业单位工作人员收入分配制度改革实施中有关问题的意见》等系列文件，标志着事业单位绩效工资改革的开始，各高校也陆续开始实行绩效工资制度。

在绩效工资体系下，高校科研人员的收入组成主要包括：基本工资（岗位工资＋薪级工资）、绩效工资（基础性绩效＋奖励性绩效）。其中，基本工资部分国家有明确的标准，按照聘用岗位和等级来确定岗位工资，按照工作人员的套改年限、任职年限和所聘岗位，结合工作表现，套改相应的薪级工资。基本工资属于固定工资部分，国家根据经济发展、财政状况、企业相当人员工资水平和物价变动等因素，适时调整事业单位工作人员的基本工资标准。2014年和2016年国务院先后两次提高了基本工资标准，并建立了基本工资标准正常调整制度，原则

上每年或每两年调整一次，通过工资调查比较结果，综合考虑国民经济发展、财政状况和物价变动等因素，从而确定调整幅度。基本工资体现的是“保障”部分，而“激励”部分则通过绩效工资来体现。

绩效工资体系的目的是激励优秀、体现差异，而现有的改革在激励方面的体现较少。事业单位实行的绩效工资是“大保障、小激励”，一般来说，保障和激励的比重是 7∶3 和 6∶4 两种，其中激励部分的比重相对较低，而基本保障部分的分配依据主要是岗位、职称、年龄等因素，所以现有薪酬体系对级别较低但做出突出贡献的教师较难有所倾斜，而这些教师主要还是通过职称的晋升和岗位级别的提升来增加收入。虽然，高校都出台了具体的绩效考核标准，但在实际的考核过程中，仍存在许多问题，比如在访谈过程中发现有些老师提出的考核形式化、过于看重科研、科研主要看重论文等问题。因此，现有薪酬体系并没有起到全面激励的作用。

6.1.2　绩效薪酬改革后部分教师收入降低

实行绩效工资的目的是规范原有工资体系，促进按劳分配、优绩优酬。原有的津贴制度体系对津贴的管理较为混乱，没有统一的标准，津贴项目五花八门。有些事业单位的津补贴在 250～300 项之间，发到每个人的津补贴也有十几到二十项，复杂的工资单连本人都看不明白，自收、自建、自发津补贴的现象十分普遍，特别是有些部门存在“小金库”，用以发放员工福利。建立规范的绩效工资体系后，原有的津贴、奖金等都被纳入绩效工资中，因而工资体系更加清楚、规范，但对于有些事业单位而言，存在实行绩效工资后的收入总额可能比实行前减少的情况，特别是有能力自创、自建、自发的事业单位，所以部分事业单位的员工认为绩效工资体系下总收入是减少的。高校中也存在类似情况，特别是创收能力较强的高校或学院，规范统一的薪酬管理体系使得高校对于工资确定的自主权降低，对部分高校或高校中部分学院的教师而言，绩效工资改革后其收入是减少的。

6.1.3　工资增长制度不完善

根据《事业单位人事管理条例》的要求，要建立事业单位工作人员基本工资标准正常调整机制。近几次的事业单位基本工资调整文件主要有：2014 年人力资源和社会保障部、财政部发布的《关于调整事业单位工作人员基本工资标准的实施方案》和国务院颁布的《关于调整事业单位工作人员基本工资标准的通知》。《事业单位人事管理条例》要求基本工资标准原则上每年或每两年调整一次，近期每两年调整一次。如遇发生金融危机、重大自然灾害等特殊情况,基本工资标准延后调整。调整基本工资标准的具体方案由人力资源和社会保障部会同财政部研究拟订,按程序报批后组织实施。

通过对上海市人力资源和社会保障网站的调查发现,2015 年上海市年平均工资 71 268 元,月平均工资 5 939 元,相比 2014 年增长了 8.9%。2016 年上海市企业工资增长指导线为:平均线为 9%,下线为 4%,上线为 14%。通过对上海市某所 985/211 大学的 2016 年部门决算公开信息的调查发现,与 2015 年相比,该高校年总收入增长了 9.46%。

由于高校教师具体工资收入的相关信息匮乏,所以我们对比国务院颁布的《关于调整事业单位工作人员基本工资标准的通知》和 2014 年国家人力资源和社会保障部、财政部发布的《关于调整事业单位工作人员基本工资标准的实施方案》,发现事业单位不同岗位基本工资的年增长都大于 9%,不同薪级工资的年增长也都大于 9%。这表明,事业单位年工资的增长率比上海市平均工资的增长率略高,但这只是工资结构中的基本工资部分,尚未确立稳定的基本工资制度,每次增长都只是因为国家宏观政策文件的发布而进行的调整。进一步,调查从教育部公开信息中对比 2015 年和 2016 年教育部部门决算信息中“工资福利支出”列支项目,这一项支出“不单是教育部机关人员工资、津补贴等开支,还包括 75 所部属高校和 35 个直属事业单位全部人员的工资、津补贴、住房保障等支出”。2015 年支出为 255.56 亿元,2016 年支出为 265.15 亿元,2016 年增长了 3.7%。

两个数据计算结果之间存在较大差异,相对来说,教育部公开的信息与高校更直接相关,也更能反映高校及教育系统工作人员的实际工资增长情况。从这个数据来看,高校教师的工资增长比上海市平均工资增长值(8.9%)低很多,也低于我们所调查的某高校教师收入的增长情况(9.46%)。对比基本工资的增长幅度,可以推测,高校教师收入结构中,绩效工资部分的增长幅度非常低。由此可见,虽然高校已经建立了工资收入增长制度,但收入增长幅度较低,特别是绩效工资部分,高校缺乏自主权,且调整周期较长。

6.1.4 绩效工资总量控制的影响

根据原人事部、财政部发布的《关于印发事业单位工作人员收入分配制度改革方案的通知》的规定:国家对事业单位绩效工资分配进行总量调控和政策指导。事业单位在核定的绩效工资总量内,按照规范的程序和要求,自主分配。绩效工资总量控制的管理政策是政府主管部门对事业单位收入分配进行调控的最

主要手段，但也存在一些问题：一是绩效工资总量的确定往往是以事业单位往年的财务数据、人员编制等情况来核定的，且基本上按照“限高、稳中、托低”的原则划定，无法有效反映不同使用单位的合理工资水平。二是绩效工资总量无法动态调整。年初绩效工资总量核定完后，无论事业单位绩效目标完成情况如何，只能按照核定的绩效工资总量来执行，导致对事业单位缺乏有效激励。三是绩效工资与高校收入脱节。高校的绩效工资资金一般来自于财政拨款和高校事业收入两部分，绩效工资总量控制使得高校事业收入的增长无法在绩效工资中得以体现。也就是说“蛋糕”的大小是一定的，能改变的只是“蛋糕”的分配方法，这在一定程度上影响了事业单位及其员工的积极性。四是绩效工资总量往往是按照上一年的标准来确定的，因而较少体现物价因素和劳动力市场价格的变化，一旦总量确定以后，一般几年内都没有调整，故缺乏稳定的增长机制，前面部分对高校工资增长的数据调查也在一定程度上证明了这一点。

针对绩效工资总量控制存在的弊端，部分省市出台了一些应对政策。如从2017年开始，山西省人社厅对山西省内8所本科院校和4所公立医院试点绩效工资总量总额调控政策，即省里直接下达绩效工资总量调控总额，单位自主确定实际发放的绩效工资总量、自主确定绩效工资分配办法和自主创新薪酬分配方式。按照“高等院校、公立医院绩效工资总量不超过无收入财政拨款事业单位绩效工资总量5倍”的原则，采取绩效工资总量总额调控办法，核定下达年度绩效工资总量调控总额。各试点单位在此调控总额内，可自主确定实际发放的年度绩效工资总量。今后，年度不超过调控总额的，不再审批。如遇绩效工资总量核定基数调整、人员增加、岗位机构发生变动等情况，需追加绩效工资总量时，再相应地调整绩效工资总量的控制额度。

2017年，重庆市针对绩效工资政策激励机制不充分、不健全的问题，出台了三项创新举措：一是通过建立绩效工资水平动态调整机制，在考核事业单位公益任务完成的情况和事业发展水平的基础上，允许事业单位“做大分配蛋糕”，并对在创新创造、成果转化、社会服务等领域做出突出业绩的事业单位给予适当倾斜；二是扩大事业单位内部分配自主权，配足配好“切蛋糕的餐具”，允许事业单位灵活确定绩效工资构成比例，并对特殊岗位工作人员采取年薪制、协议工资、项目工资等灵活多样的分配方式；三是给事业单位的“蛋糕”配“奶酪”，实行激励性特殊报酬并在绩效工资外单列，以清单方式明确科技成果转化奖励、高层次人才激励性报酬、科研人员兼职收入、高等学校教师多点教学收入、医务人员多点执业收入等14项收入项目不纳入事业单位绩效工资总量管理。

2017 年 12 月，浙江省人社厅省财政厅印发了《关于进一步完善省属事业单位绩效工资政策推动人才创业创新的若干意见(试行)》，明确建立了绩效工资水平动态调整机制。根据绩效考核结果，单位绩效工资总量可分别按一定比例增长，着力解决考核结果应用性不足、事业发展与绩效工资总量增长不挂钩等问题，为推动事业单位发展、调动职工积极性注入活力，真正做到多劳多得、优绩优酬。

6.2 高校层面因素

6.2.1 绩效考核制度不完善

各高校大多建立了符合自身发展需要的绩效考核制度，且发挥了一定作用，但也存在一些问题：第一，考核周期设置不合理。部分高校考核周期较短，每年都进行考核，教师的工作主要是教学和科研，而高质量的教学科研成果需要不断积累，追求短期成效往往无法产出高质量的成果。第二，考核不严，部分高校绩效考核流于形式。绩效考核中存在“重印象轻业绩”的现象，特别是高校绩效考核中常有领导评价、同行评价、学生评价，这种评价方式有其科学的一面，但也存在不足，甚至出现少数教师为了获得学生的高评价而放宽教学要求的情况。第三，重科研轻教学，重论文轻应用。科研能力和科研成果是高校提高知名度、提升高校排名的重要依据，部分高校的绩效考核较为重视对科研的评价，对科研成果的奖励幅度也较大，而对教学的绩效考核则缺少有效的评价机制，对教学成果的奖励无论在数量和额度上都低于科研奖励。在对科研绩效的评价中，往往只看重论文的发表，而不重视科研过程、不符合科研规律，导致科研评价体系不完善。第四，各学科一刀切。不同学科均有其自身规律，绩效考核应尊重不同学科专业的特点，建立分类考核制度。

针对高校绩效考核存在的问题，部分省市和高校出台了相关应对措施。如，针对“重科研轻教学”问题，四川大学设立了“卓越教学奖”，以百万元大奖重奖教学一线优秀教师；浙江大学设立了“浙江大学心平奖教金”，以最高 100 万元的奖金来奖励长年坚持在本科生教学一线并受到全校师生广泛认可的教师。

针对考核不严、流于形式、各学科一刀切、重科研轻教学等问题，厦门大学在 2017 年对原有的教职工绩效考核评价体系进行了改革，实现“五个统一”，即：严格政治表现和师德要求，实现建设中国特色社会主义高校这一根本方向与学校

发展、教职工个人成长的有机统一;实现学校发展目标和教职工职业生涯的有机统一;实现学校整体学术水平不断提升与各类人才队伍协调发展的有机统一;实现学校按统一规则“依法治校”与因发展不平衡而产生的多样化组织运行方式特殊需求的有机统一;实现教学科研业绩基本标准与多元化业绩载体的有机统一。该评价体系以“师德”作为考核评价的首要标准,坚持师德“一票否决”。按照不同岗位人才的成长规律,根据不同类型、不同层次教职工的岗位职责、工作特点,以及所处职业生涯的不同阶段,分类、分层次、分学部、分学科地设置考核内容和考核方式,健全分类管理和评价办法。以问题为导向,着力解决重科研轻教学、重数量轻质量、重论文轻专著、重论著轻应用等普遍问题。强化教学基本要求,明确教师不能突破教学底线标准;把同质量教学成果和科研成果同等对待;实行多元评价,高度重视教学工作量以外的教学业绩,高度重视经费、论文、奖项以外的科研成果和社会服务业绩,如专著、发明专利、技术解决方案、咨询报告等。但在增加可评价成果形式和扩大其范围的同时,应防止质量下降,坚持学术水准不降低,以高质量论文为基准,确保业绩可比性和质量一致性,只有通过评审确定其质量相当于论文时,论文以外的其他教学科研、社会服务成果或业绩才能被同等对待或作为替代选项。既要针对性地解决评价载体单一的问题,又要防止“搭便车”“钻空子”等情况降低学术水平、挫伤具有真才实学且做出高质量成果教师的积极性。

6.2.2 高校战略导向影响

学校的定位和战略导向对绩效考核有较大影响,进而影响高校科研人员的收入分配。定位于研究型高校,绩效考核更看重科研成果,特别是高质量论文,教师收入中有一部分为科研奖励。定位于教学型高校,相对而言科研能力弱,教师收入更主要的来源是课时费等。所以高校的定位不同,教师收入的浮动绩效薪酬的来源也有差别,这在一定程度上导致了教师之间的收入差距。

高校为了实现自身战略规划,绩效考核过程就会体现其战略规划的目标,必然有所侧重。如双一流高校的建设规划,会更看中顶尖的国际一流的科研成果,其人才引进和绩效考核中会偏重于对高质量科研成果的考核。科研成果和科研能力往往又是国内高校所处知名度及排名的重要指标,也是高校申请专项资金的重要依据,高校的科研能力和成果主要依靠其教师和专职科研人员,对他们的考核和奖励在相应方面也就会有所体现。比如,中部地区某高校为实现发论文上的突破,对教师在国内权威期刊发表学术论文进行奖励,一篇论文最高可奖励

20 万元，奖励力度相当大。另有某些高校院系为提高其专业在教育部评估中的等级，会根据评估要求，相应地建立对教师的考核指标。所以，高校战略规划会对高校教师的收入产生一定程度的影响，战略导向不同，考核和奖励的侧重及力度也会存在差别。

6.2.3 教育资源的流动与竞争

现有的高等教育资源分配不均，中西部地区的人才往往向东部发达地区流动。近几年国家对中西部地区的高等教育投入力度加大，随着《财政部教育部关于进一步提高地方普通本科高校生均拨款水平的意见》等文件的发布，中西部地区高校生拨款均大幅度增加，高校的财政状况得到了极大改善，有更多的资金用于人才的吸引和保留上，调查发现中西部很多高校出台了年薪聘用制吸引人才的举措，并且考核要求偏重于论文、著作等署名，不需要在聘用高校全职工作，允许被聘人才兼职，并且年薪收入可观。这种方式一定程度上将优秀人才的科研成果“流向”这些高校，特别是东部发达地区一些 985/211 高校的科研人员在其完成基本绩效考核后，其他科研成果无法获得或只有较少的奖励，就可能通过在中西部地区高校兼职等方式，将科研成果流入这些高校，以提高自身收入。我们对中部高校被聘年薪制科研人员的分析也证实了这一点。

6.3 个体层面因素

6.3.1 教育成本投入

通过问卷调查发现，高校科研人员样本中博士学位占 85.05%，而完成博士学位的学习需要投入大量的时间、精力和经济等。而对比我们调查的某高校就读 MBA 学生的学位和薪酬情况发现，高校科研人员的学位高于 MBA 学生，整体高出两个层次（高校主要为博士、MBA 学生主要为学士），但薪酬明显低于 MBA 学生。从成本投入和收益的角度分析，培养一个高校科研人员的投入非常高，而获得的收益与投入不符，这也是影响高校科研人员薪酬满意度的一个重要原因。从人力资本角度分析，高校科研人员自身承担了较高的人力资本投资，科研过程又存在不确定性，往往不能立刻出成果，科研人员的人力资本价值体现就有一个滞后的过程。而调查中 MBA 的学生都已工作，且多数已是公司中层甚至高层管理人员，就读 MBA 往往是公司发展需要所进行的人力资本投资，其受

教育成本由工作单位负担了很大一部分甚至全部。因此，高校聘用人才时，要在一定程度上体现出对人力资本投入的补偿。

6.3.2 个人能力及期望

个人能力和期望对个体薪酬水平和满意度水平存在一定的影响。现有高校绩效体系都突出了对科研绩效的考核和奖励，科研能力强的高校教师，其科研绩效高，能获得更多的奖励收入。另外，个人能力偏好也有差别，有些教师更偏重教学，而现有体系对教学绩效考核主要体现在工作量上，教学工作量较高的教师其收入相对更高，但和科研奖励相比，教学工作量的收入还是有限的。个人期望的差别会对个人的薪酬满意度产生影响，在一定收入水平下，个体期望越高，满意度可能会越低。

6.4 科研经费管理制度比较

6.4.1 问题分析

访谈中我们发现科研经费管理是高校科研人员意见较大的一个方面，教师的主要意见包括：科研经费管理对劳务费、绩效支出限制过多，不利于对科研人员的激励，科研人员绩效受到事业单位绩效工资总量限制；科研经费使用受限制太多，自主权少，经费预算调整麻烦；经费预算和财务报销过程复杂，申请课题和课题研究过程中，往往需要花费大量精力在上面；经费管理中存在很多不合理之处，项目负责人往往在课题执行过程中投入大量的时间和精力，但其投入很难得到经济上的回报；结余项目资金收回，产生“突击花钱”的情况，经费使用效率低，浪费严重。

通过访谈和分析我们还发现，科研主管部门和科研人员对科研经费的理解存在一定的不同。科研经费是各种用于发展科学技术事业而支出的费用，通常由政府、企业、民间组织、基金会等通过委托方式或者对申请报告的筛选来分配，用于解决特定的科学和技术问题。因此，为了保证科研经费的正确使用和经费来源去向的统计，对于科研经费需要严格的预算和报销程序。而科研人员认为科研经费是为自己的科研项目服务的，应该能更方便快捷地使用，允许自己有更大的自主权。

6.4.2 经费管理办法比较

为了规范科研经费管理，有力激发创新创造活力，促进科技事业发展，国家相关部门针对科研经费管理连续出台了指导意见和管理办法，包括《国务院关于改进加强中央财政科研项目和资金管理的若干意见》《国务院印发关于深化中央财政科技计划（专项、基金等）管理改革方案的通知》《关于进一步完善中央财政科研项目资金管理等政策的若干意见》等文件。针对中央指示精神，各地方陆续针对意见对原有经费管理办法进行了修订。我们对省市（北京、天津、山西、浙江、上海、广东）和机构（中科院）等出台的相关科研经费管理办法进行了调查，并对比其中劳务费、间接费用、经费调整等的相关规定，结果如表 6-1 所列。

1. 劳务费

国家层面的《关于进一步完善中央财政科研项目资金管理等政策的若干意见》（以下简称《意见》）是其他省市和机构建立经费管理办法的依据。《意见》对科研经费管理中的项目经费类别、支出范围、预算比例等做了详细规定。其中劳务费是指“在项目实施过程中支付给参与项目工作的研究生、客座人员、博士后、访问学者、项目聘用人员及科研辅助人员等的劳务性费用和社会保险费补助（包括住房公积金）”。劳务费标准“参照当地科学研究和技术服务业从业人员平均工资水平，根据其在项目中承担的工作任务确定。劳务费预算应据实编制，不设比例限制”。《意见》改变了以往劳务费支出范围过窄，体现了对“人”的劳动成果的尊重，更加符合科研工作实际，为吸引和留住优秀科研人员、提高科研人员特别是研究生的生活待遇发挥了积极作用。

我们所调查的几个经费管理办法，对劳务费的规定都是在《意见》的基础上制定的细则，但不同省市和机构的具体细则存在差别。其中，山西省、浙江省和中科院明确规定劳务费不设比例限制，北京市、天津市和广东省的经费管理办法中对劳务费比例的要求基本都是“根据本单位实际和工作需要，合理编制”。而所调查的经费管理办法中，只有上海市的经费管理办法限制劳务费预算比例在经费总额的 30%以内，基础研究类、软科学类和软件开发类等项目劳务费预算放宽至支出总额的 50%以内。天津市、山西市和上海市的经费管理办法对劳务费开支标准进行了规定，由于经济发展差异，山西省的标准大大低于上海市和天津市。对于可以支取劳务费的科研人员，除山西省外，其他省市和中科院的规定基本相同，也和《意见》一致，但山西省经费管理办法中劳务费开支标准规定“科研项目负责人每人每月 3 000 元以内”，可以认为这对存在争议的科研项目负责人是否能支取劳务费做了规定。其他经费管理办法没有明确项目负责人是否可以支取劳务费，特别是北京市的经费管理办法明确规定“财政供养人员不得列支劳务费”。所以，在劳务费支取上，不同经费管理办法存在一定程度的差异。

表 6-1 各经费管理办法比较(精炼内容)

省市或机构	时间	文件	劳务费	间接费用	预算调整	其他
中共中央办公厅、国务院办公厅	2016	《关于进一步完善中央财政科研项目资金管理等政策的若干意见》	1. 发放对象:参与项目研究的研究生、博士后、访问学者以及项目聘用的研究人员、科研辅助人员等,均可开支劳务费; 2. 标准:参照当地科学研究和技术服务业从业人员平均工资水平,根据其在项目研究中承担的工作任务确定; 3. 比例:劳务费预算不设比例限制,由项目承担单位和科研人员据实编制	核定比例可以提高到不超过直接费用扣除设备购置费的一定比例:500 万元以下的部分为 20%,500 万元至 1 000 万元的部分为 15%,1 000 万元以上的部分为 13%。加大对科研人员的激励力度,取消绩效支出比例限制	下放预算调剂权限,在项目总预算不变的情况下,将直接费用中的材料费、测试化验加工费、燃料动力费、出版/文献/信息传播/知识产权事务费及其他支出预算调剂权下放给项目承担单位	结余资金按规定留归项目承担单位使用,在 2 年内由项目承担单位统筹安排用于科研活动的直接支出;2 年后未使用完的,按规定收回
北京市财政局、北京市科学技术委员会	2016	《北京市科技计划项目(课题)经费管理办法》	承担单位应根据本单位的实际和工作需要,建立劳务费分配制度。财政供养人员不得列支劳务费	1. 实行总额控制,按照不超过项目(课题)经费中直接费用扣除设备购置费后的 20%核定; 2. 实行工资总额管理的承担单位从科研经费中列支的编制内有工资性收入科研人员的绩效支出,一次性计入当年本单位工资总额,但不受当年本单位工资总额限制、不纳入本单位工资总额基数	1. 项目(课题)总预算调整、项目(课题)主要承担单位变更应报市财政局批准; 2. 项目(课题)总预算不变的情况下,直接费用中的材料费、测试化验加工费、燃料动力费、出版/文献/信息传播/知识产权事务费、其他支出预算调整权限下放给承担单位; 3. 差旅费、会议费、国际合作与交流费三项之间可调剂使用,但不得突破三项支出预算总额	完成 2 年后,剩余经费收回;从科技经费中列支的差旅费、会议费、国际合作与交流费不纳入“三公”经费、机关运行经费和行政一般性支出统计范围,不受“零增长”限制

（续表）

省市或机构	时间	文件	劳务费	间接费用	预算调整	其他
天津市财政局、天津市科学技术委员会、天津市教育委员会	2016	《天津市财政科研项目资金管理办法》	劳务费：合理编制。 1. 对于基础研究类、软科学类和软件开发类等项目劳务费支持标准控制在7 000元/(人·月)以内； 2. 其他类别项目，劳务费支持标准5 000元/(人·月)以内； 3. 引进人才及临时聘用人员标准在不突破该项目劳务费支持总务前提下，由项目承担单位编制确定； 4. 聘用人员社保补助纳入劳务费科目列支	1. 比例：(不超过直接费用扣除设备购置费的比例)500万元以下的部分为20%，500万元至1 000万元的部分为15%，1 000万元以上的部分为13%； 2. 绩效支出应与科研人员在项目工作中的实际贡献挂钩，不计入绩效工资总额	1. 项目预算总额调整、项目承担单位变更等应当报市科委批准； 2. 50万元以下设备费预算调剂权限下放给承担单位； 3. 直接费用中材料费、测试化验加工费、燃料动力费、出版/文献/信息传播/知识产权事务费及其他费用由单位根据内部相关制度自行调剂，劳务费、专家咨询费、差旅/会议/国际合作与交流费预算不得调增，若调减根据内部相关制度调剂用于项目直接费用中其他方面的支出	完成2年后，剩余经费收回

（续表）

省市或机构	时间	文件	劳务费	间接费用	预算调整	其他
山西省人民政府办公厅	2016；2017（补充规定）	《山西省科研项目经费和科技活动经费管理办法（试行）》《山西省科研项目经费和科技活动经费管理办法（试行）》（补充规定）	劳务费开支不设比例限制；项目组成员劳务费发放由项目承担单位审批，并进行公示； 劳务费开支标准为科研项目负责人每人每月 3 000 元以内，高级职称科研人员每人每月 2 000 元以内，中级职称科研人员及其他参与人员每人每月 1 500 元以内	间接费用实行总额控制，不得超过科研项目经费资助总额的 10%；绩效支出取消比例限制	科研项目经费支出预算需要调整的，会务费、差旅费、国际合作与交流费三项支出之间可以调剂使用，不得突破三项支出预算总额；其余经费项目支出预算如需调整，由科研项目负责人向科研项目承担单位提出申请，单位负责人审批	完成 2 年后，剩余经费收回；实行科研经费开支负面清单管理；财政后补助资金不再规定适用范围；建立科研财务助理制度。科研项目实行分类定额资助。在省级科技计划中试点实行分类定额资助
浙江省委办公厅、浙江省人民政府办公厅	2017	《关于进一步完善省财政科研项目资金管理等政策的实施意见》	明确劳务费开支范围，不设比例限制	间接费用不超过直接费用扣除设备购置费的比例为：500 万元（含）以上的部分为 15%，200 万元（含）至 500 万元的部分为 20%，200 万元以下的部分为 25%；社科、软科学、自然科学基金和软件类科研项目按全额的 30%；国家科研项目按国家规定比例； 取消绩效支出比例限制，绩效支出不纳入所在事业单位绩效工资总额	下放预算调剂权限，在项目总预算不变的情况下，将直接费用中的材料费、测试化验加工费、燃料动力费、出版/文献/信息传播/知识产权事务费、资料费、数据采集费、印刷出版费及其他支出预算权限下放给项目承担单位	完成 2 年后，剩余经费收回；科技成果转化所得收入全部留归单位，纳入单位预算，实行统一管理。事业单位对职务发明完成人、科技成果转化重要贡献人员和团队的奖励，不纳入事业单位绩效工资总额

（续表）

省市或机构	时间	文件	劳务费	间接费用	预算调整	其他
广东省财政厅、审计厅	2019	《广东省财政厅 广东省审计厅关于省级财政科研项目资金的管理监督办法》	劳务费预算不单设比例限制，由项目承担单位和科研人员据实编制	间接费用按照不超过项目直接费用扣除设备购置费后的一定比例核定，与项目承担单位信用等级挂钩，并实行总额控制。具体如下： 1. 科技研究类项目，500万元及以下的部分为不超过20%，500万元至1 000万元的部分为不超过15%，1 000万元以上的部分为不超过13%； 2. 试验设备依赖程度低和实验材料耗费少的项目，500万元以下的部分为不超过30%，500万元至1 000万元的部分为不超过25%，1 000万元以上的部分为不超过20%	1. 项目负责人根据科研活动的实际需要，经项目承担单位批准后对直接费用中各项费用进行调剂（项目间接费用不得调增）； 2. 由于研究内容或者研究计划作出重大调整等原因，需要增加或减少项目预算总额或是原项目预算未列示外拨资金，需要增列等情况，由项目负责人提出申请，经项目承担单位审核同意后，报省项目主管部门审批	项目实施期间，年度剩余资金可结转下一年度继续使用。项目完成任务目标并通过验收后，结余资金留归项目承担单位使用，由项目承担单位统筹安排用于科研活动的直接支出

（续表）

省市或机构	时间	文件	劳务费	间接费用	预算调整	其他
上海市财政局、上海市科学技术委员会	2017	《上海市科研计划项目（课题）专项经费管理办法》	1. 劳务费支出控制在申请专项经费支出总额的 30%以内； 2. 基础研究类、软科学类和软件开发类等项目（课题）的劳务费支出总额控制在申请专项经费支出总额的50%以内； 3. 劳务费支出标准应控制在8 000元/（人·月）以内； 4. 通过公开竞标获得的科研项目，劳务费不计入单位绩效工资总量	总额不得超过专项经费直接费用的 12%	1. 设备费预算如有调减的，调减的经费可调剂用于材料费、测试化验加工费、燃料动力费、出版/文献/信息传播/知识产权事务费方面的支出； 2. 差旅/会议/国际合作与交流费、劳务费、专家咨询费和间接费用预算不得调增，如有调减可按上述程序调剂用于项目（课题）其他方面支出； 3. 总预算不变，直接费用中的材料费、测试化验加工费、燃料动力费、出版/文献/信息传播/知识产权事务费、其他支出预算调整权限下放承担单位	完成 2 年后，剩余经费收回；要建立健全科研财务助理制度

（续表）

省市或机构	时间	文件	劳务费	间接费用	预算调整	其他
中科院	2016	《中国科学院院级科研经费管理办法》	劳费预算应据实编制，不设比例限	—	1. 总额调剂、承担单位变更等，报机关项目主管部门批准； 2. 总额不变、增减合作单位及合作单位间预算调剂，报机关项目主管部门批准； 3. 总额不变，除设备费外，支出预算调剂。项目负责人申请，项目承担单位批准，中期财务检查或财务验收时予以确认； 4. 设备费一般不予调增，特殊情况需经项目承担单位同意后，报机关项目主管部门批准	完成2年后，剩余经费收回

2. 间接费用

对于间接费用的比例和科研人员绩效支出的比例,《意见》规定,提高了间接费用的比例,同时要求取消绩效支出的比例限制。所调查的几个省市和中科院经费管理办法中对间接费用比例的要求有两种:第一种是依照《意见》要求,规定间接费用占直接费用扣除设备购置费后的比例,并且分段设置比例。其中,浙江省将500万元(含)以上部分统一设置为15%,200万~500万元部分为20%,200万元以下部分为25%,社科、软科学、自然科学基金和软件类科研项目按照全额30%的比例,国家科研项目按国家规定的比例。广东省的规定类似浙江省,只是比例上有所不同,而北京市则按20%比例限定,上海市按照直接费用的12%限定。第二种是规定间接费用比例占科研经费总额的比例,如山西省是不超过科研经费总额的10%。所有调查的经费管理办法都没有对科研人员绩效比例进行限制,同时天津市、浙江省、广东省明确规定,科研人员绩效不纳入所在事业单位绩效工资的总额里。北京市经费管理办法规定:"实行工资总额管理的承担单位从科研经费中列支的编制内有工资性收入科研人员的绩效支出,一次性计入当年本单位工资总额,但不受当年本单位工资总额限制、不纳入本单位工资总额基数。"间接费用比例的提高,都绩效支出比例的取消,都加大了对科研人员的激励力度,提高了科研人员的积极性。部分省市规定"科研项目中的科研绩效不纳入单位绩效工资总额",这意味着取消了科研绩效发放过程中受"绩效工资总量控制"的外部限制。

3. 预算调整

《意见》要求落实下放项目预算调剂等权限,其中北京、天津、广东、上海、中科院对预算调整权限做了详细规定。山西省虽然没有对预算调整做规定,但在其省级科技计划中试点分类定额资助,具体为:"在发布的年度科技计划申报指南中明确各类项目的定额资助标准,科研人员在申报项目时,不再编制项目经费预算,经评审立项后,按定额予以资助。"

4. 结余资金

对结余资金的使用,《意见》提出:"项目验收后结余的科研经费留归项目承担单位继续使用,在2年内由项目承担单位统筹安排用于科研活动的支出,2年后未使用完的,按规定收回。"这有利于在整体上达到节约科研经费并合理分配资源的效果,避免"突击花钱"现象的出现。我们所调查的几个省市和中科院经费管理办法都按照《意见》要求,对结余资金都做了这样的规定。

5. 其他

其他方面,北京市经费管理办法规定:"从科技经费中列支的差旅费、会议费、国际合作与交流费不纳入‘三公’经费、机关运行经费和行政一般性支出统计范围，不受‘零增长’限制。”这减少了对科研过程中需要的交流和调研的限制。

6. 经费管理办法比较

通过对所调查的几个省市和中科院的科研经费管理办法的比较可以发现，各个经费管理办法都体现了《意见》的精神，但具体举措之间存在区别。其中，山西省的科研经费管理办法“松绑”幅度更大，山西省人民政府在2016年6月发布了《山西省科研项目经费和科技活动经费管理办法(试行)》，在2017年7月又出台了《〈山西省科研项目经费和科技活动经费管理办法(试行)〉补充规定》，该补充规定对原管理办法做了较大改革，比较突出的是：劳务费开支不设比例限制(原文件规定不超过20%或50%)；绩效支出取消比例限制；科研项目实行分类定额资助；下放差旅费、会议费管理办法制度权限。特别是科研项目分类定额资助，科研人员在申报项目时，不再编制项目经费预算。山西省经费管理放松幅度较大，这和山西省本身的人才吸引力较低、整体科研能力有待提升有着很大的关系，如《2017中国区域国际人才竞争力报告》中指出上海在国际人才规模指数排行第一，山西垫底。而上海市的经费管理办法仍然对劳务费采取比例限制，一方面限制的比例符合实际科研过程中发生的劳务费需求，这在一定程度上避免了劳务费支出过多的可能；另一方面，这也可能会使某些科研项目出现对人才吸引和人才激励产生一定限制的情况。

7 提高高校科研人员激励有效性的措施建议

高校是人力资源密集型组织，高校科研人员是国家科技力量的重要组成部分，建立合理的高校科研人员薪酬制度可以稳定高校科研队伍、吸引高素质人才，从而为国家科技力量发展提供持续不断的动力。高校薪酬体系的改革和完善，能激发高校教师的工作热情和活力，提高其绩效水平，这是我国“双一流”大学建设的关键，也是吸引人才、激活创新的重要保障。根据问卷调查和访谈所发现的问题，本书基于创新动力因素模型，从薪酬水平、薪酬制度、岗位设置、绩效管理、内在薪酬、税收政策和经费管理等方面提出改革建议。

7.1 扩大高校收入来源，提高薪酬水平

通过前期的问卷调研和访谈，我们发现现有高校教师的总体薪酬水平不高，薪酬满意度水平一般，薪酬缺乏外部竞争力。高校教师普遍认为自身的收入水平较低，部分高校教师发现，自己培养的学生工作两年后的年收入比在高校工作20年的教授还要高。薪酬水平直接影响了科研人员的专业满意度、学术产出和科研合作。有竞争力的薪酬是高校吸引人才、激励和稳定人才，提高高校教学科研能力的重要途径。随着几次薪酬制度的改革，高校教师的收入已有了一定程度的提高，但相比于通货膨胀的速度仍是滞后的，更无法和有同等学历要求的其他职业相比。与国外发达国家高校教师的薪酬水平相比，我国高校教师的薪酬总体上还存在差距。高校教师的薪酬水平应该进一步增长，同时建立随物价指数稳步增长的机制。

提高高校教师的收入水平，既要增加政府财政的投入，又需要进一步发挥市场机制的作用。现有高校教师工资存在“国家”和“校内”二元结构并存的局面。经历四次事业单位工资制度的改革，我国高校薪酬机制中高校的自主权逐步增大，特别是岗位绩效工资改革后，部分高校教师工资形成了“二元”结构特征。虽然工资的制度制定、标准调整等决策权集中于中央政府，但随着国家统一的制度

工资在教师薪资收入中所占比重的下降，教师所在院校或学科院系创收来源所决定的绩效比重的不断提升，全国统一工资制度的功能开始下降，由此形成了国家工资分配制度和校内工资分配制度并存的二元化结构特征。这种二元结构为高校收入的增长提供了市场化的机制，通过院校的合理创收，增加国家财政外的资金来源。扩大高校资金来源可选择的途径：

（1）积极发展校办产业。校办产业主要指充分发挥高校资产潜力，有效组织资产经营，增加经营收入。我国校办产业经历几十年的发展，取得了一定的成绩，特别是涌现了如清华同方、北大方正、同济科技等一大批成功的上市公司，这些公司不仅促进了区域经济的发展，同时也成为高校创收的途径。

（2）面向市场的有偿社会服务。面向市场的有偿社会服务指高校在完成自身教学任务的同时，充分发挥自身教育及智力资源优势，通过联合办学、短期培训、能力提升班等方式，为社会提供教学等服务，实现高校教育资源共享，也增加了收入来源。

（3）与产业合作科研项目。产业科研项目合作指高校利用自身的资源和科研优势，充分发挥高校人才优势，加强与产业界合作以获取收益。

（4）科技成果转化。科技成果转化是指高校将研究成果、专利等转化为社会需要的新产品、新工艺、新材料和新产业，开辟高校收入的新路径。

（5）积极组织社会捐赠。社会捐赠是国外高校重要的资金来源，近几年来，国内高校也开始重视社会捐赠，但相比国外高校，社会捐赠占高校资金来源的比重较低。表 7-1 是 2018 年中国大学社会捐赠排行，表 7-2 是美国大学 2016 年社会捐赠排名，由表可见，国内高校社会捐赠数额与国外还有较大差距，国内高校可以借鉴国外高校的运作经验，主动争取社会捐资。

表 7-1　2018 年中国大学社会捐赠排行榜 10 强

名次	学校名称	捐赠总额/亿元	综合排名	办学层次
1	清华大学	95.48	2	世界一流大学
2	北京大学	76.65	1	世界一流大学
3	汕头大学	49.61	159	中国知名、区域一流大学
4	浙江大学	46.38	3	世界知名高水平、中国顶尖大学
5	武汉大学	28.56	7	世界知名高水平、中国顶尖大学
6	上海交通大学	27.08	6	世界知名高水平、中国顶尖大学
7	复旦大学	26.54	4	世界知名高水平、中国顶尖大学

（续表）

名次	学校名称	捐赠总额/亿元	综合排名	办学层次
8	武汉学院	24.80	8	中国顶尖民办大学
9	中国人民大学	24.79	5	世界一流大学
10	南京大学	23.46	8	世界知名高水平、中国顶尖大学

（数据来源：http://www.sohu.com/a/217122520_356902。）

表 7-2　2016 年美国大学社会捐赠排名

排名	USNews 综合排名	学校名称	校务基金/10 亿美元
1	2	哈佛大学	35.883
2	3	耶鲁大学	23.900
3	4	斯坦福大学	21.446
4	1	普林斯顿大学	20.996
5	7	麻省理工学院	12.425
6	70	德州农业大学	11.104
7	12	西北大学	9.778
8	9	宾夕法尼亚大学	9.582
9	4	哥伦比亚大学	9.223
10	18	圣母大学	8.040

（数据来源：http://endowments.com/funds/。）

通过多种途径增加高校收入，一方面增加资金来源，为高校薪酬体系改革提供资金保障；另一方面也提高了高校的社会服务能力、完善高校社会服务功能、提高美誉度。

由于不同高校或同一高校内不同院系专业的创收能力存在较大差距，虽然现在的绩效薪酬体系下，院系的自主权大幅降低，但其可支配的资金仍然与其创收能力相关，这种一定程度上的“二元”结构会使不同高校之间、同一高校不同院系之间存在较大差距。通过访谈也发现，部分老师所在学院的创收能力较强，其收入比创收能力较弱的院系的老师要高。针对高校间的差距，政府和高校都需要利用财政工具合理控制差距，一方面不影响创收积极性，另一方面保障低创收高校和院系一定的收入水平。

7.2 薪酬制度创新，打破原有瓶颈

1. 探索宽带薪酬制度，打破职称晋升的唯一路径

人力资本是通过对人力的投资而形成的以人的高智能和高技能为基本存在形态的资本，表现为人的能力和素质。现有高校教师队伍中，博士学位占了很大比重，特别是青年教师队伍，绝大部分青年教师都具有博士学位，部分教师还具有海外求学的经历。这些青年教师具有良好的综合素质与科研能力，能站在学科发展的前沿，知识结构更新得也快。高学历是当前高校教师人力资本的最大特点，而高学历的背后需要时间、智力、财力等方面长时间的高投入，即使在进入高校教师队伍后，这种高投入仍一直持续着，所以高校教师的薪酬应该要体现出高校教师人力资本成本的投入。通过我们的调查发现，现有高校教师的收入仍存在着以职务、职称和资历为中心的局面，刚进入高校的青年教师，一方面处于工作起步阶段，需要更多的时间、智力、精力的投入；另一方面尚未取得高级职称，收入水平处于高校教师队伍的中下层，因而其人力资本价值未能得到很好的体现。访谈中部分中年教师也提出，青年教师知识更新速度快，但也面临着生活压力大、薪资水平低的现状。因此，高校薪酬体系要考虑青年教师的情况，保障青年教师的收入，以提高其工作积极性。而且部分教师提出应淡化职称概念。

针对这种情况，建议引入宽带薪酬制度，宽带薪酬又称海氏薪酬制，是由美国管理学专家艾德华·海于 1951 年研究开发出来的，是指对多个薪酬等级以及薪酬变动范围进行重新调整，取消原来狭窄的工资级别带来的工作之间明显的等级差别，将每个薪酬级别所对应的薪酬浮动范围拉大组合，从而变成相对较少的职等以及相应较宽的薪酬变动范围，让每个员工对应的不再是具体的薪酬数值，而是一定的范围。我国高校科研人员职称等级数量设置较少，故可保留过去的职称等级为带宽，而将每个带宽所对应的薪酬浮动范围扩大，并科学评估以确定工资带间的分界点，建立与带宽制度相匹配的评价体系，评价依据于教师的能力和业绩量，从而建立起基于能力和业绩的薪酬体系以及科学合理的薪酬制度安排，克服传统薪酬结构中绩效薪酬所占份额较少的缺点，淡化职称对收入的核心作用，使青年教师不必沿着职称结构的提升来提高工资水平，从而也能缓解现有高校受岗位设计结构比例的限制导致职称晋升机会少而引起的矛盾，青年教师可以安心本职工作，做出成绩，其知识价值能够得以回报，即使没有职称没有晋升，工资收入也能有所提高。宽带薪酬示意图如图 7-1 所示。

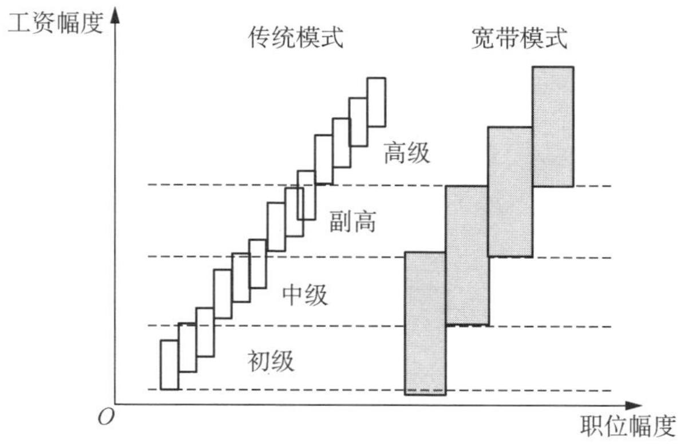

图 7-1　宽带薪酬示意图

2. 探索协议工资制度和长聘教职制度

《事业单位工作人员收入分配制度改革实施办法》规定了高层次人才的激励措施，建立高层次人才的特殊津贴和奖励制度，同时"对部分紧缺或者急需引进的高层次人才，经批准可实行协议工资、项目工资等灵活多样的分配办法"。

在高校调研中，我们发现部分高校已经开始试行协议工资制度，即"年薪制"和"长聘教职"制度。上海财经大学于 2004 年开始实行"双轨制"，对高水平人才实行"长聘制"和"年薪制"，对一般教师实行传统的岗位聘任制，双轨之间可以转化，普通教师如果达到一定的要求，也可以申请"年薪制"。上海交通大学、同济大学、复旦大学也都开始探索和尝试协议工资制度。上海交通大学从 2010 年开始启动分类发展改革和薪酬体系改革，其长聘教师体系明确规定，新入职长聘教轨的助理教授前三年教学工作量可以减半，以确保青年教师在学术起步阶段有足够的时间和精力从事科研创新活动。3 年后想获得晋升长聘教职的资格，须根据学科特点达到每学年一定学分的教学工作量，并且在评教时应达到优良。长聘教职的副教授晋升为教授，也要满足授课课时和质量的要求。这样既满足了长聘教职教师的科研需要，也保证教师回归教学本质。同济大学的长聘制实行"3 年＋3 年"的考核制度，三年一小考，六年一大考，六年期满，如果未能晋升副教授，则不再聘用，如果教师三年考核情况不佳，也会提前终止聘期。从访谈中我们还发现，在这样的长期考核聘任制度下，青年教师的科研压力相对变小，不必急于出成果，这也更有利于创新积累。同时，长聘制的薪酬比一般聘任制高，从而青年教师的工作和生活更加稳定，这也有利于科学研究。

7.3 科学岗位设置，实行分类管理

我们通过问卷和访谈发现，现有高校中传统岗位分类模式仍占主导地位，主要岗位包括教学（科研）岗、教学辅助岗、党政管理岗、工勤技能岗等。也有高校尝试新的岗位设置，如建立教学岗、科研岗、教学科研并重岗等，不同岗位采用不同的考核办法。访谈中发现不同老师自身能力兴趣等特质的区别，对教学或科研的投入会有所差异，取得的绩效也不同，一些高校现有考核体制存在一刀切的问题，对教师既有教学考核也有科研考核，使得偏好教学的老师还要疲于科研，而偏好科研的老师则忙于教学。高校应根据院系的定位和不同教师的特点，建立不同系列的岗位，并结合不同岗位的智力劳动特点实行分类考核，建立有针对性的分配政策，探索知识价值实现的有效方式。

如清华大学根据研究型大学的教学、科研、服务并重的定位，将教师岗位分为教研（教学科研并重）、科研和教学三个岗位系列，并根据不同系列的岗位特点和职业发展要求设计不同的薪酬制度。教研岗位系列的教师逐步实行“年薪制”，其他岗位系列实行工资加绩效的薪酬体系。北京大学也实施教学科研职位分系列管理和聘任制度，对教学科研职位按照三个系列进行管理，即教学科研并重系列、教学为主系列和研究、技术为主系列，制定不同的评价标准，实行不同的支持模式，鼓励各系列教师立足本职岗位充分发挥作用。上海财经大学 2014 年修订了《教学科研人员岗位聘用与考核办法》（以下简称《办法》）。《办法》指标更加多元化，体现教书育人、科学研究、社会服务等不同贡献，为不同特点的教师提供合适的努力方向，教师岗位设置教育科研并重岗位、教学为主岗位和研究为主岗位，共分十三个等级。明确各岗位等级的聘用和考核制度，教师可以根据自身特点自愿申请相应岗位。这种细分的岗位设置，更加体现了人本原则，符合教师自身的意愿，更能发挥教师特长。

现有高校正在不断探索建立不同岗位及考评机制，但不同岗位的薪酬结构和水平基本一致，仍存在一定程度的分配一刀切问题，无法体现不同智力劳动的特点。因此，高校更要探索针对不同岗位的分类薪酬体制，体现对不同智力劳动的激励，探索不同知识价值的有效实现方式。这需要给予高校更高的自主权。

不同岗位的创新方式、创新过程和创新结构存在着差异，对不同岗位设置不同的分配方式，可使薪酬激励更有针对性。首先，按照职能定位和发展方向，制定以实际贡献为评价标准的收入分配激励办法，突出业绩导向，建立与岗位职责

目标相统一的收入分配激励机制，合理调节教学人员、科研人员、实验设计与开发人员、辅助人员和专门从事科技成果转化人员等的收入分配关系。对从事基础性研究、农业和社会公益研究等研发周期较长的人员，收入分配实行分类调节，通过优化工资结构，稳步提高基本工资收入，加大对重大科技创新成果的绩效奖励力度，建立健全后续科技成果转化收益反馈机制，使科研人员能够潜心研究。对从事应用研究和技术开发的人员，主要通过市场机制和科技成果转化业绩实现激励和奖励。对从事哲学社会科学研究的人员，以理论创新、决策咨询支撑和社会影响作为评价的基本依据，形成合理的智力劳动补偿激励机制。对专职从事教学的人员，把教学业绩和成果作为教师职称晋升、收入分配的重要依据。同时，适当提高基础性绩效工资在绩效工资中的比重，加大对教学型名师的岗位激励力度。对高校教师开展的教学理论研究、教学方法探索、优质教学资源开发、教学手段创新等，在绩效工资分配中给予倾斜。

7.4 推行绩效管理，科学有效激励

在访谈中，我们发现除少部分海归青年教师实行六年期考核制度外，大部分高校教师仍以传统考核方式即一年为周期的考核为主，即考核周期较短。由于科研过程的专业性、严谨性和长期性，因此科研活动需要科研人员长时间的投入，特别是高质量的创新过程，如一篇高水平的论文，往往从量变到质变需要长时间的积累。有些老师认为，为了应付一年一次的考核，需要将尚未成熟的研究想法急于实现，这就容易出现“短平快”的现象，且无法取得高质量的成果。部分教师反映考核论文时规定期刊的范围太窄，使得发论文时太有目标性，限制了教师的科研选择。还有部分教师明确提出考核标准应提前商定好且因人而异。

绩效管理是指管理者与员工之间在目标与如何实现目标上达成共识，在此基础上通过激励和帮助员工取得优异绩效从而实现组织目标的管理方法。绩效管理是一个系统，具体包括：绩效计划、绩效实施、绩效考核、绩效反馈和绩效结果的应用。绩效考核实际上是绩效管理中的一个环节，如果用简单的绩效考核来代替绩效管理，容易造成为考核而考核的局面，这对高校创新的发展是不利的，甚至适得其反，导致绩效管理流于形式而失败。

因此，高校应运用绩效管理的理念来制定绩效考核标准。绩效计划阶段教师参与其中，结合学校、学院和个人目标探讨本人下个考核周期的科研和教学工作内容、应达到的程度、衡量的标准和完成的时限，如教师的考核期时长、论文目

标期刊数量、类别和级别要求等都可因人而异，不同等级的学校和学科，科研型教师和教学型教师的考核标准也可区分开来，达成共识并签订绩效合约，使之成为教师的努力方向和考核依据。绩效考核阶段依据绩效合约和教师在工作中的实际表现进行结果考核和工作行为评估。绩效反馈阶段，教师和学校通过绩效反馈面谈，分析本考核期的优缺点，制订绩效改进计划，并协商下个绩效期间的目标和考核标准。另外，绩效考核结果可应用于：薪酬的调整与分配；培训与开发；职称的变动；为其他过程提供反馈信息，如人力资源规划、工作分析等。

绩效管理理念在高校的应用可以极大地改善当前短期固定考核制度的弊端，这种理念下的考核将更重视实际工作业绩和贡献，考核标准可因人而异且最大限度地反映每个人的实际成果，对于创新成果周期较长的专业和岗位则可适当设置长周期，从而避免了一刀切，也能更好地发挥不同类型教师的特长。

7.5 重视内在薪酬，提升科研热情

现代激励理论中，激励包括物质激励和精神激励，同步激励理论认为，外在薪酬和内在影响应该同时或者分阶段进行，在高校教师薪酬管理中，不单要重视物质薪酬的激励，更要重视精神激励。我们在访谈中发现，大部分选择教师职业的老师对经济收入的敏感度不高，换言之，选择这个职业并不看重经济收入，而更重视职业的满足感，特别是职称晋升中，经济收入提高动机是次要的，主要动机是职业发展、职业尊重。相比于经济收入提高，老师更看重职称带来的名誉和身份。

首先，根据双因素理论，高校教师内在薪酬的激励要建立多层次多维度的激励模式。韩兰娟(2008)在早期对教师内在薪酬激励的研究中就指出，关注教师发展的多元需求应成为内在薪酬设计的根本，关注高校教师的不同需求很有必要。同时，学者通过调查问卷和访谈结果也发现，高校教师对于内在薪酬的需求分布在不同的层面，处于不同职业发展阶段和心理发展阶段的老师具有不同的需求。另外，对于这些教师所处的不同需求层次也应该进行分析。吴秀林和封伟(2016)在对高校教师薪酬激励效应的内在机理研究中也指出，高校教师的内在薪酬影响要素具有不同类型。只有将不同类型的高校教师和不同需求真正地进行多层次、多维度的综合分析，因地制宜地进行内在薪酬激励，才能切实做到对症下药，激发高校教师的创新热情。

其次，内在薪酬应该更加注重灵活性，这就要求给予制度上的需求一定的弹性调节空间，从而增强高校教师的自主性和自由性。学者通过研究发现，内在薪

酬和高校教师的个体内在动机的激发之间有着很密切的联系。而内在动机又是创新热情的主要来源。有了这个动机,高校教师往往会更加倾向于创新。很多老师因为所获得的内在薪酬上的公平性和约束性问题,创新热情受到了很大的负面影响。他们也普遍反映内在薪酬激励需要公平和灵活,这与韩兰娟(2008)的早期研究一致。韩兰娟指出,内在薪酬激励坚持公平程序和灵活原则是内在薪酬设计的关键。因此,通过坚持公平程序和灵活原则,可以使得内在薪酬更好地发挥激发高校教师内在动机、提高创新热情的作用。

最后,在制定有关内在薪酬相关激励制度方面也应具有针对性。内在薪酬本身与人的意识和感知有很大的联系,因此善于在一定的情境下使用内在薪酬的促进作用颇具实践意义。学者通过对企业的研究发现,员工感知的外在薪酬水平对员工工作努力程度的作用效果呈“倒 U 形”,即外在薪酬对于员工的作用效果呈现两头形式。针对外在薪酬对于员工的作用效果极其微小的一端,如果能够将内在薪酬进行更具针对性的设定,对于整个高校教师总体的工作和科研热情会有一个很大的正向促进。无论是通过问卷调研发现高校科研人员的薪酬满意度与其科研产出呈“U 形”关系,还是对深入访谈资料整理总结后发现科研压力与激励政策对高校科研人员科研热情的形成具有两面性,均说明对高校科研人员的激励不能单纯地考虑外在薪酬激励,而是更要考虑内在薪酬激励,同时尽可能地保证科研压力与科研热情之间的平衡。

内在薪酬的主要维度包括:情感、尊重、自我实现。情感维度主要是对友情和归属感,在高校科研活动中可以是团队关系、团队精神、同事关系等。尊重维度主要指内部尊重和外部尊重,内部尊重指个体希望在各种不同情境中有实力、有信心、能独立自主;外部尊重指个体希望有地位、受到别人的尊重和高度评价。自我实现维度包括工作的挑战性、创新性,能获得学习机会、晋升机会、个人发展机会等。

根据内在薪酬的维度结合高校科研工作的特征,建议从以下几方面提升内在薪酬:

(1) 提高归属感,关注情感需求。科研工作的特点决定了高校科研人员工作压力大、工作对创造性要求高,而建立良好的沟通氛围、平等的人际关系、良好的团队沟通和信任,能够促进科研人员的归属感,精力更聚焦于科研工作。所以,院系管理部门应给科研团队内部、团队之间、科研人员之间提供更多沟通交流的机会,交流思想、发表建议、培养感情。

(2) 充分信任,肯定成绩,表彰优秀。高校科研人员的受教育程度较高,具有独立、追新、个性强的特点，对自尊有较高层次的需求。高校和相关院系主管部门应充分信任和尊重科研人员，对其成绩给予充分肯定，对取得的成果进行表彰，给予精神上的奖励。在建立绩效考核指标时，尊重科研人员的意见，坚持公开、公正、公平的原则。

(3) 提供更多机会，提升创新热情。个体的培训和教育是其不断成长的动力和源泉，高校科研人员有强烈的追求自我实现的动机，希望通过各种途径发展自身能力、拓宽视野，而不断学习是其中一条有效途径。高校中虽然也有一些短期交流访问的学习机会，但不能惠及绝大多数科研工作者，并且知名度一般，对于那些资源较少的高校，这种机会更少。高校应拓展资源，提供更多学习、交流和培训的机会。

7.6 拓宽税收政策支持，增加科研红利

2016 年，国务院印发的《关于实行以增加知识价值为导向分配政策的若干意见》中要求完善股权激励等相关税收政策。对符合条件的股票期权、股权期权、限制性股票、股权奖励以及科技成果投资入股等实施递延纳税优惠政策，鼓励科研人员创新创业，进一步促进科技成果转化。2018 年 4 月 8 日的国务院常务会议决定对职务科技成果转化获得的现金奖励实行个人所得税优惠，即对依法批准设立的非营利性科研机构、高校等单位的科技人员，通过科研与技术开发所创造的专利技术、计算机软件著作权、生物医药新品种等职务创新成果，采取转让、许可方式进行成果转化的，在相关单位取得转化收入后三年内发放的现金奖励，减半计入科技人员当月个人工资薪金所得计征个人所得税，减轻税收负担，促进科技成果转化提速。

《中华人民共和国个人所得税法》(2011 年修订，2011 年 6 月 30 日发布)规定：省级人民政府、国务院部委和中国人民解放军军以上单位，以及外国组织、国际组织颁发的科学、教育、技术、文化、卫生、体育、环境保护等方面的奖金免纳个人所得税。这适用于“千人计划”引进的海外高层次人才，包括外籍专家学者、在海外工作的中国国籍专家学者。凡在“千人计划”名单内的人员在人才引进过程中，从中央到省、市、单位一次性配套的资金，暂时免征个人所得税。江苏省特聘教授管理办法中对特聘教授聘期内享受省财政资助每人每年 6 万元奖金，并免征个人所得税。江苏省对有突出贡献的中青年专家奖励一次性奖金 2 万元，并免征个人所得税。

在2018年的政府工作报告中,李克强总理提出要对个人所得税进行改革。现有高校薪酬体系中缺少税收政策的支持力度,个人所得税减免也主要针对“千人计划”等高层次人才,对于一般科研人员做出较大科研成果却少有税收政策方面的减免,这需要国家及各级地方政府给予更多的政策支持。主要包括:

(1) 提升个人所得税减免支持力度。现有对科研人员所获奖励津贴的个人所得税减免主要集中在获得国际和国家级奖励,以及获得国家特殊津贴等较高层次上,难以普惠一般科研工作者,江苏省对做出突出贡献的专家奖励免征个人所得税是一种有益的尝试。国家在制定新的个人所得税政策时,应该充分考虑到税收对科研创新活动的激励,对取得较大科研成果的奖励降低或取消个人所得税。对科研经费中用于科研人员劳务支出和绩效部分的个人所得税减免。对国家重点急需及重点发展领域的人才实行个人所得税优惠。

(2) 科研活动中税收支持。对科研活动中,一些高端设备仪器的购置减免税收,特别是国家急需发展的领域。

(3) 科技成果转化税收支持。国家已经出台多项对科技成果转化税收支持的要求和意见,地方政府及相关税务部门尽快出台细则,切实对科技成果转化给予进一步的支持。同时,科技成果产业化过程中,初始投入的成本较高,需要对科技成果产业化过程中的财税政策提供优惠,以吸引更多产业资本参与技术成果转化。

7.7 放宽经费管理限制,规范经费使用,提高科研效率

经过对访谈资料的整理与分析,我们发现高校教师对科研经费管理的意见比较突出,老师对科研预算设置复杂、劳务费设置不合理、财务报账程序烦琐、财务管理制度僵化问题的意见较大。有老师认为科研项目的进程中,财务报账占用了大量时间和精力。不同学科的科学研究对科研经费的使用侧重点不同,科研经费预算的设置应该考虑不同科研过程的需要,同时简化预算过程,真正发挥科研资金在知识价值分配中的激励作用。

1. 减少预算限制、提高经费使用自主权

《关于进一步完善中央财政科研项目资金管理等政策的若干意见》(以下简称《意见》)提出坚持“放管服”结合,简政放权、放管结合、优化服务,扩大高校和科研院所在科研项目资金、差旅会议、基本建设、科研仪器设备采购等方面的管理权限。《意见》中要求简化预算编制,下放预算调剂权限,科研管理部门在修改

经费政策时，应根据科研活动过程无法准确预测的特点，改进预算编制方法，精简预算科目，合并相近科目，放宽单项预算科目的比例限制。同时下放预算调剂权限，给予项目承担单位更大的预算调剂权限。可以参考山西科研经费管理办法，采用“分类定额资助”，探索“合同制”等经费管理方式，对科研经费真正“松绑”，但“松绑”的同时要有更规范严格的经费使用监督制度和负面清单制度支撑。

2. 减少程序流程、提高经费使用效率

优化科研项目申请、财务报销等程序，减少中间环节。一是增加网络办公和信息化、自动化的处理流程，减少科研经费报销的程序，减少以往科研人员需要“在多个部门跑”的烦琐程序，减轻其负担。二是建立科研助理及其他科研辅助岗位制度，专门从事科研服务，减少科研工作者的非科研活动投入。

3. 肯定科研劳动价值、提高科研人员积极性

科研工作是脑力劳动，不仅需要对科研人员的劳动投入充分肯定，而且对其劳动付出应给予一定回报。原有科研经费管理中限制劳务费的比例和开支范围，这不利于对科研工作人员的激励。在符合国家法律法规的范围内，应对科研工作者的脑力投入予以一定回报。针对不同科研过程的智力投入差别，分类建立劳务费开支比例，提高软件开发、软科学等科研项目的劳务费比例，同时放宽劳务费开支范围。

科研经费使用中，项目主持人是否可以支取劳务费？这是一个存在较大争议的问题。现有科研经费管理办法大多是依据《意见》制定的，文件中对劳务费做了规定：“是指在项目（课题）实施过程中支付给项目（课题）组成员、因科研项目（课题）需要引进的人才以及临时聘用人员的劳务性费用。”对科研项目主持人是否可以领取劳务费没有做明确说明。北京市经费管理办法则明确规定，财政供养人员不能支取劳务费，而山西省的经费管理办法对主持人支取劳务费设置了标准，意味着可以支取劳务费。项目主持人在整个科研过程中付出的劳动最多，如果劳动价值不能得到体现，会在一定程度上影响科研人员的积极性，特别是一些高级职称科研人员申请项目的积极性将会受到影响。我们在访谈中也发现，有评职称需求的高校科研人员仍然有很强的申请科研项目的动力，而少数教授职称人员，由于科研经费限制过多，也没有评职称的压力，故缺乏申请科研项目的动力。放开对项目主持人支取劳务费的限制，能在一定程度上激励有着更丰富的科研经验和专业素养的高职称科研人员的科研动力。针对项目主持人是否可以劳务费应该做进一步论证，肯定其劳动价值，提高科研积极性。

4. 加大对青年科研人员的支持力度

科研项目的申请需要看申请者以往的研究成果，甚至有些科研项目有职称要求，这在一定程度上限制了青年科研工作者申请科研项目。科研活动需要激情和活力，青年科研人员更容易突破原有框架限制，产生突破性成果。但科研活动有很多不确定性，需要对青年科研工作者有更多的宽容和更宽松的环境。因此，在科研项目申报中减少对青年科研工作者的限制，增加对其的科研资助力度，减少执行中的检查评价，营造“鼓励探索、宽容失败”的环境。

5. 推进科研成果评价和奖励制度改革

完善科研成果的评价制度。科研过程有其自身的规律，科研评价最终是为科研过程服务的，要遵循科研规律，而不能本末倒置。科研成果的评价存在导向性，如何评价会对科研过程如何发展产生影响，科研工作应尽可能客观，减少外部因素的影响，而如果科研评价仅仅是每年必须要发多少论文、产生多少专利，这会在一定程度上阻碍科研进程。科研评价要符合科研规律，同时要重视对科研过程的评价，不能单以结果为唯一评价标准，科研评价制度要“宽容失败，允许失败”。比如对于“芯片”的研发，投入成本大、设计难度高，研发周期长，研究过程中存在短期失败的可能性很大，所以不能以短期指标对其进行评价。

建立对科研成果的奖励制度。对科研成果的奖励是对科研成绩的肯定，也是对科研过程的激励。在完善科研评价制度的同时，建立对科研成果的奖励制度。对重大科研奖励不纳入绩效工资总量，并减免个人所得税。制定导向明确、激励约束并重的评价标准，充分调动项目承担单位和科研人员的积极性和创造性。

6. 加强监管，构建科研信用体系、负面清单制度

对科研过程“松绑”以后，更要加强监管，建立覆盖指南编制、项目申请、评估评审、立项、执行、验收这一全过程的科研信用记录制度。对科研经费的使用进行审计，建立承担单位、科研人员、评估评审专家等信用评级制度，共享信用评级信息，建立负面清单，限制或取消不良信用记录者申请科研项目。对违规违法行为加大惩处力度，实施问责机制。

8 总　　结

高校薪酬制度是时代发展的体现，我国的高校薪酬制度经历了供给制、职务等级工资制、以职务和工龄为主的结构工资制、津贴制、岗位绩效工资制、协议工资与长聘教职制等不同阶段，这些制度改革体现了当时国家科技发展和经济建设的需要，有其重要的历史使命。现阶段高校薪酬制度为稳定高校科研队伍、激励科研创新发挥了重要作用，但对科研创新的掣肘也不断显现，亟须对高校薪酬体系进行改革。

本书通过文献资料收集整理和分析、大样本问卷调查及数据分析、深度访谈及编码等研究方法，对高校科研人员薪酬体系和科研热情进行了研究，并为高校科研人员薪酬体系改革提供了依据。研究过程中对我国高校薪酬体系的发展进行了梳理总结；对比了国内外高校薪酬制度；调查了高校科研人员的薪酬现状以及对薪酬的满意度；分析了薪酬与创新的相关性；调查分析了国外高校科研人员的薪酬体系现状，并总结分析了现有薪酬体系存在的问题；通过高校科研人员的深度访谈和扎根理论研究方法，探究了高校科研人员科研热情形成的影响因素，并构建了相应的理论模型。基于创新激励的薪酬要素研究和薪酬激励政策建议为实行以增加知识价值为导向分配政策提供理论和实践支撑。研究提出了提高高校科研人员激励有效性的措施建议，包括：扩大高校收入来源，提高薪酬水平；薪酬制度创新，打破原有瓶颈；科学岗位设置，实行分类管理；推行绩效管理，科学有效激励；重视内在薪酬，提升科研热情；拓宽税收政策支持，增加科研红利；放宽经费管理限制，规范经费使用，提高科研效率等。

本书对高校科研人员薪酬体系和高校科研人员热情进行了较为系统的深度研究，并取得了具有一定价值的研究成果。但受研究时间、篇幅及资料收集等限制，本书仍存在一定不足，如课题组对高校薪酬体系的研究没有区分高校类型定位和地区差异，不同类型高校的薪酬分配上存在一定差异，不同地区的经济发展水平不同，最低工资标准相异，薪酬水平也存在差异等，后续研究还需要进一步深入。

参 考 文 献

[1] 安书乐.高校科研人员工作满意度对科研产出的影响研究[D].大连:大连理工大学,2016.

[2] 陈瑜.高校科研人员社会支持与职业幸福感关系的实证研究:以自我效能感为中介[D].杭州:浙江工业大学,2012.

[3] 方阳春,姚先国.高新企业薪酬制度研究[J].科研管理,2007,28(5):115-120.

[4] 弗朗西斯·赫瑞比.理知识员工[M].郑晓明,等译.北京:机械工业出版社,2000.

[5] 韩兰娟.高职院校教师内在薪酬激励研究:以常州科教城五所高职院为例[D].重庆:西南大学,2008.

[6] 蒋昀洁,张绿漪,黄庆,等.工作激情研究述评与展望[J].外国经济与管理,2017,39(8):85-101.

[7] 柯文进,姜金秋.世界一流大学的薪酬体系特征及启示:以美国5所一流大学为例[J].中国高教研究,2014(5):20-25.

[8] 李培根.国家高等教育理念的意义与视野[J].大学:学术版,2010(8):33-37.

[9] 刘广,虞华君.外在激励、内在激励对高校教师科研绩效的影响[J].科研管理,2019,40(1):199-208.

[10] 刘选会,张丽,钟定国.高校科研人员自我认同与组织认同和科研绩效的关系研究[J].高教探索,2019(1):17-23.

[11] 刘娅.英国公共科研体系科研人员聘用、薪酬及收入激励机制研究[J].科技管理研究,2017(2):51-56.

[12] 卢蕊.高校专职科研人员绩效考评体系构建与应用[A]//Engineering Technology Press、Southern Illinois University Carbondale、National University of Singapore. Advances in Artificial Intelligence (Volume 3)—

Proceedings of 2011 International Conference on Management Science and Engineering (MSE 2011)[C]. Engineering Technology Press、Southern Illinois University Carbondale、National University of Singapore: Information Engineering Research Institute, 2011:5.

[13] 马君,山鸣峰.科研导向下绩效工资的“倒 U”效应:高校陡峭型薪酬结构的影响及优化[J].上海大学学报(社会科学版),2013,30(1):111-124.

[14] 秦伟平,赵曙明,周路路,等.真我型领导与员工创造力:中介性调节机制[J].管理科学学报,2016,19(12):83-94.

[15] 山鸣峰,张英姿,朱明原,等.高校实施绩效工资的理性思考[J].上海大学学报:社会科学版,2007,24(6):136-140.

[16] 宋希仁,陈劳志,赵仁光.伦理学大辞典[M].长春:吉林人民出版社,1989.

[17] 王冬冬,金摇光,钱智超.自我决定视角下共享型领导对员工适应性绩效的影响机制研究[J].科学学与科学技术管理,2019,40(6):140-154.

[18] 吴秀林,封伟.高校教师薪酬激励效应的内在机理与提升对策研究[J].绿色财会,2016(3):52-56.

[19] 魏昕,张志学.团队的和谐型创新激情:前因、结果及边界条件[J].管理世界,2018,34(7):100-113.

[20] 熊丙奇.谈如何依法制订大学章程[J].中国高等教育,2011(19):6.

[21] 徐珺,尚玉钒,赵新宇.高校科研团队领导语言框架与成员创新行为研究[J].科研管理,2019,40(8):263-272.

[22] 许黎明,赵曙明,张敏.二元工作激情中介作用下的辱虐管理对员工建言行为影响研究[J].管理学报,2018,15(10):988-995.

[23] 闫佳祺,罗瑾琏.科研团队双元领导与创新绩效[J].科学学研究,2018,36(11):2103-2112.

[24] 杨丽,论企业科技人员技术创新激励机制的构建:以海尔“三大经理”机制为视角[J].山东社会科学,2009(3):93-96.

[25] 姚本先.当代大学生兴趣研究[J].心理科学,2000,23(1):113-114.

[26] 叶奕乾,何存道,梁宁建.普通心理学[M].4 版.上海:华东师范大学出版社,2010.

[27] 袁莉,马莉.研发人员薪酬结构设计[J].技术与市场,2006(12):68-69.

[28] 张航,陈娟,朱树梅.某高校教职工薪酬分配现状分析:以 40 岁以下青年教学科研人员为例[J].人力资源管理,2012(12):173-175.

[29] 张剑,宋亚辉,叶岚,等.工作激情研究:理论及实证[J].心理科学进展,2014,22(8):1269-1281.

[30] 张娴初,王迎春.科技创新人才薪酬体系与激励效应关系研究[J].科技进步与对策,2012,29(1):152-155.

[31] 张勇,龙立荣,贺伟.绩效薪酬对员工突破性创造力和渐进性创造力的影响[J].心理学报,2014,46(12):1880-1896.

[32] 赵斌,韩盼盼.基于扎根理论的员工主动创新行为双路径产生机制研究[J].管理学报,2016,13(7):1003-1011.

[33] 赵书松.高级知识员工薪酬解决方案——基于薪酬目的、依据与维度的视角[J].科技进步与对策,2012,29(14):138-144.

[34] 周默涵,朱佳妮,吴菡.组织支持对海归教师科研进展满意度的影响分析:以上海 21 所高校为例[J].高教探索,2019(12):101-107.

[35] 周正儒,丁萍芳.发达国家高校教师薪酬水平及激励机制探析[J].科技创业月刊,2016,29(4):66-68.

[36] AFSAR B, BADIR Y, KIANI U S. Linking spiritual leadership and employee pro-environmental behavior: The influence of workplace spirituality, intrinsic motivation, and environmental passion[J]. Journal of Environmental Psychology, 2016, 45(1):79-88.

[37] AKANBI P A, ITIOLA K A. Exploring the relationship between job satisfaction and organizational commitment among health workers in Ekiti State, Nigeria[J]. British Journal of Nutrition, 2013, 4(4):269-269.

[38] BAKER R J. Implementing value pricing: A radical business model for professional firms[M]. John Wiley & Sons, 2015.

[39] BANDURA A, FREEMAN W H, LIGHTSEY R. Self-efficacy: The exercise of control[J]. Journal of Cognitive Psychotherapy, 2005, 13(2):158.

[40] BAUM J R, LOCKE E A. The relationship of entrepreneurial traits, skill, and motivation to subsequent venture growth[J]. Journal of Applied Psychology, 2004, 89(4): 587-598.

[41] BÉLANGER J J, PIERRO A, KRUGLANSKI A W, et al. On feeling good at work: the role of regulatory mode and passion in psychological adjustment[J]. Journal of Applied Social Psychology, 2015, 45(6):

319-329.

[42] CARDON M S, GREGOIRE D A, STEVENS C E, et al. Measuring entrepreneurial passion: Conceptual foundations and scale validation[J]. Journal of Business Venturing, 2013, 28(3): 373-396.

[43] CARDON M S, KIRK C P. Entrepreneurial passion as mediator of the self-efficacy to persistence relationship[J]. Entrepreneurship: Theory and Practice, 2015, 39(5): 1027-1050.

[44] CARDON M S, WINCENT J, SINGH J, et al. The nature and experience of entrepreneurial passion [J]. Academy of Management Review, 2009, 34(3): 511-532.

[45] CARPENTIER J, MAGEAU G A, VALLERAND R J. Ruminations and flow: Why do people with a more harmonious passion experience higher well-Being? [J]. Journal of Happiness Studies, 2012, 13(3): 501-518.

[46] CAUDROIT J, BOICHÉ J, STEPHAN Y, et al. Predictors of work/family interference and leisure-time physical activity among teachers: The role of passion towards work [J]. European Journal of Work and Organizational Psychology, 2011, 20(3):326-344.

[47] CHARMAZ K. Constructing grounded theory-A practical guide through qualitative analysis[M]. Sage Publications Ltd,2006.

[48] CHEN P, LEE F, LIM S. Loving thy work: developing a measure of work passion [J]. European Journal of Work and Organizational Psychology, 2020, 29(1):140-158.

[49] CLERCQ D D, HONIG B, MARTIN B C. The roles of learning orientation and passion for work in the formation of entrepreneurial intention[J]. International Small Business Journal, 2013, 31(6): 652-676.

[50] COLLEWAERT V, ANSEEL F, CROMMELINCK M, et al. When passion fades: Disentangling the temporal dynamics of entrepreneurial passion for founding[J]. Journal of Management Studies, 2016, 53(6): 966-995.

[51] DALBORG C, WINCENT J. The idea is not enough: The role of self-efficacy in mediating the relationship between pull entrepreneurship and founder passion-a research note[J]. International Small Business Journal,

2015, 33(8): 974-984.

[52] DRNOVSEK M, CARDON M S, PATEL P C. Direct and Indirect Effects of Passion on Growing Technology Ventures [J]. Strategic Entrepreneurship Journal, 2016, 10(2):194-213.

[53] FERNET C, LAVIGNE G L, VALLERAND R J, et al. Fired up with passion: Investigating how job autonomy and passion predict burnout at career start in teachers[J]. Work & Stress, 2014, 28(3): 270-288.

[54] FOREST J, MAGEAU G A, CREVIER-BRAUD L, et al. Harmonious passion as an explanation of the relation between signature strengths' use and well-being at work: Test of an intervention program[J]. Human Relations, 2012, 65(9): 1233-1252.

[55] FRIJDA N H, MESQUITA B, SONNEMANS J, et al. The Duration of Affective Phenomena or Emotions, Sentiments and Passions[M]//In K. T. Strongman (Ed.), International Review of Studies on Emotion. New York, Wiley, 1991.

[56] GERHART B, RYNES S. Compensation: Theory, Evidence, and Strategic Implications[M]. Thousand Oaks, CA: Sage Publications, 2003.

[57] GIELNIK M M, SPITZMULLER M, SCHMITT A, et al. 'I put in effort, therefore I am passionate': Investigating the path from effort to passion in entrepreneurship[J]. The Academy of Management Journal, 2015, 58(4): 1012-1031.

[58] GLASER B G. Theoretical sensitivity: Advances in the methodology of grounded theory[M]. Sociology Press, 1978.

[59] GLASER B G, STRAUSS A L. The discovery of grounded theory: Strategies for qualitative research[M]. New York: Adeline, 1967.

[60] GOMEZ-MEJIA L R, BALKIN D B. Determinants of faculty pay: An agency theory perspective[J]. The Academy of Management journal, 1992, 35(5): 921-955.

[61] Heather C Hill, Charalambos Y Charalambous, Matthew A Kraft. When Rater Reliability Is Not Enough Teacher Observation Systems and a Case for the Generalizability Study[J]. Educational Researcher, 2012, 41(2): 56-64.

[62] HENEMAN Ⅲ H G, SCHWAB D P. Pay satisfaction: Its multidimensional nature and measurement[J]. International journal of Psychology, 1985, 20(1): 129-141.

[63] HO V T, WONG S S, LEE C H. A tale of passion: Linking job passion and cognitive engagement to employee work performance[J]. Journal of Management Studies, 2011, 48(1): 26-47.

[64] JOSHI A, MARTOCCHIO J J. Compensation and reward systems in a multicultural context[J]. The influence of culture on human resources management processes and practices, 2008: 181-205.

[65] KONG D T. The pathway to unethical pro-organizational behavior: Organizational identification as a joint function of work passion and trait mindfulness[J]. Personality and Individual Differences, 2016, 93: 86-91.

[66] LAFRENIÈRE M K, JOWETT S, VALLERAND R J, et al. Passion for coaching and the quality of the coach-athlete relationship: The mediating role of coaching behaviors[J]. Psychology of Sport and Exercise, 2011, 12(2): 144-152.

[67] LAVIGNE G L, CREVIER-BRAUD L, FOREST J. Passion at work and burnout: A two-study test of the mediating role of flow experiences[J]. European Journal of Work & Organizational Psychology, 2012, 21(4): 518-546.

[68] LEX M, GIELNIK M M, FRESE M. Effort and success as predictors of passion[M]//In R J Vallerand & N Houlfort (Ed.), Passiom for work: Theory, Research, and appilications, New York, NY: Oxford University Press, 2019.

[69] LIU D, CHEN X P, YAO X. From Autonomy to Creativity: A Multilevel Investigation of the Mediating Role of Harmonious Passion[J]. Journal of Applied Psychology, 2011, 96 (2): 294-309.

[70] LLORENS J J, STAZYK E C. How important are competitive wages? Exploring the impact of relative wage rates on employee turnover in state government[J]. Review of Public Personnel Administration, 2011, 31 (2): 111-127.

[71] MAGEAU G A, VALLERAND R J, CHAREST J, et al. On the

Development of Harmonious and Obsessive Passion: The Role of Autonomy Support, Activity Specialization, and Identification With the Activity[J]. Journal of Personality, 2009, 77 (3): 601-646.

[72] MILKOVICH G T, NEWMAN J M, MILKOVICH C. Compensation [M]. Chicago: Irwin, 1996.

[73] MURNIEKS C Y, CARDON M S, HAYNIE J M. Fueling the fire: Examining identity centrality, affective interpersonal commitment and gender as drivers of entrepreneurial passion [J]. Journal of Business Venturing, 2020, 35(1): 1-17.

[74] PERTTULA K H, CARDON M S. Passion[M]//In K. S. Cameron & G. M. Spreitzer (Eds.), Handbook of positive organizational scholarship, Madison Ave, NY: Oxford University Press, 2011.

[75] PHILIPPE F L, VALLERAND R J, LAVIGNE G L. Passion does make a difference in people's lives: A look at well-being in passionate and non-passionate individuals[J]. Applied Psychology: Health and Well-Being, 2009, 1(1): 3-22.

[76] RONY JA. Les passions [The Passions] [M]. Paris: Presses Universitaires de France, 1990.

[77] RYAN R M, DECI E L. Self-determination theory and the facilitation of intrinsic motivation, social development, and well-being[J]. American Psychologist, 2000, 55(1): 68-78.

[78] SCHELLENBERG B J I, BAILIS D S. Can passion be polyamorous? The impact of having multiple passions on subjective well-being and momentary emotions[J]. Journal of Happiness Studies, 2015, 16(6): 1365-1381.

[79] SCHELLENBERG B J I, BAILIS D S, MOSEWICH A D. You have passion, but do you have self-compassion? Harmonious passion, obsessive passion, and responses to passion-related failure[J]. Personality & Individual Differences, 2016, 99(1): 278-285.

[80] SCHOMBURG H, TEICHLER U. Employability and Mobility of Bachelor Graduates in Europe[M]. SensePublishers, 2011.

[81] STEGER M F, DIK B J, DUFFY R D. Measuring Meaningful Work:

The Work and Meaning Inventory (WAMI) [J]. Journal of Career Assessment, 2012, 20(3):322-337.

[82] STENSENG F, FOREST J, CURRAN T. Positive emotions in recreational sport activities: The role of passion and belongingness[J]. Journal of Happiness Studies, 2015, 16(5): 1117-1129.

[83] ST-LOUIS A C, CARBONNEAU N, VALLERAND R J. Passion for a cause: How it affects health and subjective well-being[J]. Journal of Personality, 2016, 84(3): 263-276.

[84] STRAUSS A L. Qualitative analysis for social scientists[M]. Cambridge University Press, 1987.

[85] STRAUSS A, CORBIN J. Basics of qualitative research: Grounded theory procedures and techniques[M]. Newbury Park, CA:Sage, 1990.

[86] VALLERAND R J, BLANCHARD C, MAGEAU G A, et al. Les passions de l'âme: On obsessive and harmonious passion[J]. Journal of Personality and Social Psychology, 2003, 85 (4): 756-767.

[87] VALLERAND R J, HOULFORT N, BOURDEAU S. The dualistic model of passion: 15 years later[M]//In R. J. Vallerand & N. Houlfort (Eds.), Passion for work: Theory, Research, and appilications. New York, NY: Oxford University Press, 2019.

[88] VALLERAND R J, PAQUET Y, PHILIPPE F L, et al. On the role of passion for work in burnout: A process model[J]. Journal of Personality, 2010, 78(1): 289-312.

[89] ZIGARMI D, NIMON K, HOUSON D, et al. Beyond Engagement: Toward a Framework and Operational Definition for Employee Work Passion[J]. Human resource development review, 2009, 8(3):300-326.

附录 A　高校教师薪酬满意度调查

尊敬的老师您好！

感谢您在繁忙的工作中抽出时间填写这份问卷，本次问卷的目的是为全面、系统地了解高校教师对高校薪酬体系的感受，进一步了解薪酬对高校教师科研创新的激励，为政府对高校科研人员薪酬体系改革决策提供依据。此次调查采取不记名方式，有关数据仅用于学术研究，请您根据实际情况和实际感受填写，感谢您的支持，谢谢参与！

同济大学经济与管理学院

基本信息

1. 性别

○ 男　○ 女

2. 婚姻状况

○ 未婚　○ 已婚　○ 离异

3. 您的年龄

○ 30 岁以下　○ 31～40 岁　○ 41～50 岁　○ 51～60 岁

○ 61 岁及以上

4. 您所从事的专业

○ 理学　○ 工学　○ 农学　○ 医学

○ 人文社科　○ 经管　○ 其他

5. 你所在的高校属于(多选题)

○ 985　○ 211　○ 普通高校　○ 民办高校

○ 高职高专

6. 您所在的高校定位

○ 研究型　○ 研究教学型　○ 教学研究型　○ 教学型

○ 其他________________

7. 您的最高教育水平

○ 大专及以下　○ 本科　○ 硕士　○ 博士
○ 博士后

8. 您的职称

○ 初级职称　○ 中级职称　○ 副高级职称　○ 正高级职称

9. 评上现职称的时间

○ 5 年及以下　○ 6～10 年　○ 11～15 年　○ 16～20 年
○ 21～25 年　○ 26～30 年　○ 31 年及以上

10. 从事工作类型

○ 专职科研
○ 专职教学
○ 以科研为主,同时从事少量教学工作
○ 以教学为主,同时从事少量科研工作
○ 教学科研并重

11. 从事科研类型

○ 基础型　○ 应用型

12. 从事教学科研时间

○ 5 年及以下　○ 6～10 年　○ 11～15 年　○ 16～20 年
○ 21～25 年　○ 26～30 年　○ 31 年及以上

13. 请您估计一下您平均每天用于科研的时间(每个时间段均不含上限值,如 2～5 小时不含 5 小时)

○ 2 小时以下　○ 2～5 小时　○ 5～8 小时　○ 8～11 小时
○ 11～15 小时　○ 15 小时以上

14. 请您估计一下您平均每天用于教学及教学准备的时间(每个时间段均不含上限值,如 2～5 小时不含 5 小时)

○ 2 小时以下　○ 2～5 小时　○ 5～8 小时　○ 8～11 小时
○ 11～15 小时　○ 15 小时以上

薪酬信息

15. 您现在薪酬是否是年薪制

○ 是　○ 否

16. 您现在的年薪(税前)是

○ 15万元及以下　○ 16万～25万元
○ 26万～35万元　○ 36万～45万元
○ 46万～50万元　○ 51万元及以上

17. 您目前的校内年收入(主要指基本工资、岗位津贴、课酬等,不含养老和失业保险、医疗保险、住房公积金等,并扣除了个人所得税后的可支配收入)有

○ 10万元及以下　○ 11万～15万元
○ 16万～20万元　○ 21万～25万元
○ 26万～30万元　○ 31万元及以上

18. 根据您现在的职称和教学科研成就,您期望的校内年收入是?

○ 10万～20万元　○ 21万～30万元
○ 31万～40万元　○ 41万～50万元
○ 51万元及以上

19. 您认为您的薪酬水平处于您所在地区的什么水平

○ 上层　○ 中上层　○ 中层　○ 中下层
○ 下层

20. 您所在高校教师薪酬分配的依据是(请根据重要程度从高到低排序)

(　　)聘任岗位
(　　)职称职务等级
(　　)教学工作量
(　　)科研工作量
(　　)其他

21. 您认为高校教师薪酬分配应该采用的依据是(请根据重要程度从高到低排序)

(　　)聘任岗位
(　　)职称职务等级
(　　)教学工作量
(　　)科研工作量
(　　)其他

22. 您所在单位提供下列哪些福利和保险(多选题)

○ 五险一金　○ 住房福利　○ 过节费　○ 交通补贴
○ 免费餐饮　○ 业务培训　○ 意外保险　○ 健身福利
○ 粮油补助　○ 其他________________

23. 请您将全年各项收入从高到低排序

（　　）基本工资

（　　）绩效工资

（　　）津补贴

（　　）科研奖励

（　　）课时费

（　　）其他

薪酬满意度

24. 您对现在的工作的总体满意度

○ 很不满意　○ 不满意　○ 一般　○ 满意　○ 很满意

25. 您对单位薪酬制度的总体评价

○ 很不合理　○ 不合理　○ 一般　○ 基本合理　○ 很合理

26. 您认为目前本单位科研人员间的收入差距是否合理

○ 很不合理　○ 不合理　○ 一般　○ 基本合理　○ 很合理

27. 您所在单位的薪酬制度对科研人员有很强激励性

○ 非常不同意　○ 不同意　○ 一般　○ 同意　○ 非常同意

28. 您对目前的收入状况是否满意

○ 很不满意　○ 不满意　○ 一般　○ 满意　○ 很满意

29. 您所在单位薪酬结构设计的很合理

○ 非常不同意　○ 不同意　○ 一般　○ 同意　○ 非常同意

30. 您过去的收入一直稳定增加

○ 非常不同意　○ 不同意　○ 一般　○ 同意　○ 非常同意

31. 您所在单位薪酬的多少取决于绩效水平的高低

○ 非常不同意　○ 不同意　○ 一般　○ 同意　○ 非常同意

32. 您认为自己的努力能否带来很好的收入回报

○ 非常不同意　○ 不同意　○ 一般　○ 同意　○ 非常同意

33. 您所在单位对岗位绩效评价的方法是科学的

○ 非常不同意　○ 不同意　○ 一般　○ 同意　○ 非常同意

34 报酬总体而言与职称挂钩最紧密

○ 非常不同意　○ 不同意　○ 一般　○ 同意　○ 非常同意

35 您认为单位的薪酬制度公平度

○ 非常不公平　○ 不公平　○ 一般　○ 公平　○ 非常公平

您对以下各部分薪酬的满意度

36. 基本工资

○ 很不满意　○ 不满意　○ 一般　○ 满意　○ 很满意

37. 绩效薪酬

○ 很不满意　○ 不满意　○ 一般　○ 满意　○ 很满意

38. 奖金

○ 很不满意　○ 不满意　○ 一般　○ 满意　○ 很满意

○ 没有这项薪酬

39. 津贴

○ 很不满意　○ 不满意　○ 一般　○ 满意　○ 很满意

○ 没有这项薪酬

40. 五险一金

○ 很不满意　○ 不满意　○ 一般　○ 满意　○ 很满意

○ 没有这项薪酬

41. 单位自设福利

○ 很不满意　○ 不满意　○ 一般　○ 满意　○ 很满意

○ 没有这项薪酬

42. 工作稳定性

○ 很不满意　○ 不满意　○ 一般　○ 满意　○ 很满意

43. 培训机会

○ 很不满意　○ 不满意　○ 一般　○ 满意　○ 很满意

44. 工作环境

○ 很不满意　○ 不满意　○ 一般　○ 满意　○ 很满意

45. 工作家庭平衡

○ 很不满意　○ 不满意　○ 一般　○ 满意　○ 很满意

46. 弹性工作时间

○ 很不满意　○ 不满意　○ 一般　○ 满意　○ 很满意

创新能力

47. 优秀科研人员应该具备的重要特质(选 5 项)(多选题)

○ 高度敬业精神　○ 冒险精神　○ 全局观念　○ 较高科学素养

○ 无私奉献精神　○ 团队协作能力　○ 兴趣爱好

48. 您认为您从事科研创新活动的障碍依次是?

(　　)研究经费不足

(　　)激励机制不完善

(　　)工作家庭冲突

(　　)缺乏相关技能

(　　)科研经费管理制度不合理

(　　)研究成果转化率低

(　　)其他

49. 您教学科研创新的动机是什么(请根据重要性排序)

(　　)本职工作需要

(　　)提高个人收入

(　　)个人获得晋升

(　　)获得满足感

(　　)个人兴趣

(　　)其他

50. 您的理想收入中薪酬占比排序

(　　)基本薪酬

(　　)绩效薪酬

(　　)津贴

(　　)五险一金

(　　)福利

(　　)奖金

(　　)其他

51. 近三年内主持或参与的科研项目总数[输入 0(0 项)到 20(20 项及以上)的数字]。

52. 近三年内学术刊物发表论文数量[输入 0(0 篇)到 30(30 篇及以上)的数字]。

53. 近三年专利申请数量[输入 0(0 项)到 20(20 项及以上)的数字]。

感谢您的参与!

附录B 访 谈 提 纲

访谈时间：____________________

访谈地点：____________________

访谈对象：____________________

尊敬的先生/女士：

您好！

我们目前正在进行一项有关“高校科研人员创新激励”的研究。在此希望能够占用您一些时间，请教您一些问题，了解您对“高校科研人员岗位管理、薪酬体系、创新、科研热情、职称评定及相关激励措施”的看法和宝贵意见。

你提供的信息对本研究非常重要，请您尽可能准确地表达自己的看法。为了便于整理访谈信息，我们将对访谈过程进行全程录音，并对访谈内容和相关资料进行保密，若在访谈过程中涉及敏感信息，我们将征求您的意见，并关闭录音。

(1) 请您介绍一下您的基本情况，包括职称、年龄、教育背景、所授学科和研究类型等。

(2) 请问您目前的年薪大致(范围)多少呢？除学校的薪酬，是否还有其他收入来源呢？(如果有，主要包括哪些来源)

(3) 请问您对您的薪酬结构是否了解？在您看来您的薪酬包含哪些内容呢？

(4) 您对高校教师实行年薪制有何看法？您希望年薪制还是非年薪制呢？(注意了解原因及何种情况下会选择年薪制)

(5) 请谈谈您对高校科研人员创新的看法？

(6) 您晋升(评职称)的动机是什么？

(7) 如果需要激励高校科研人员的创新行为表现，您认为哪些方面最需要改善？为什么？(注意引导到个体、学校和政府各层面以及薪酬激励相关)

(8) 您的同事、朋友是否有过在校任职期间创业的情况？对于他们的创业情况您大概有哪些了解呢？(为什么会选择创业呢？)

(9) 您为何选择教师这个行业呢?

(10) 如果再给您一次选择的机会,您是否依然会选择从事教师这个行业呢?

(11) 您觉得现在的工作有压力(热情)吗?为什么?如果评上教授(高级职称)是不是压力(热情)就小了?

(12) 您喜欢做科研吗?为什么(不)喜欢做科研?哪些因素会影响您的科研热情?

(13) 您的科研压力(热情)主要来源于什么?评上职称之前和之后的压力(热情)有什么不同吗?

(14) 当前的科研压力会挫伤您的科研积极性吗?怎么样的情况让您觉得即使很有压力也有动力做科研?

(15) 您希望您的小孩日后从事教师行业吗?

(16) 对于刚才的讨论,您还有要补充的吗?

非常感谢您在百忙之中抽出时间接受访谈,在此致以最诚挚的谢意!

同济大学经济与管理学院